新 海鳥ハンドブック
増補改訂版

The Handbook of Seabirds, 2nd edition

箕輪義隆 著 ／ 小田谷嘉弥 監修

文一総合出版

本書の使い方

● 収録種

『日本鳥類目録改訂第8版』に掲載されたカイツブリ科、ヒレアシシギ属、トウゾクカモメ科、ウミスズメ科、ネッタイチョウ科、アビ科、アシナガウミツバメ科、アホウドリ科、ウミツバメ科、ミズナギドリ科、グンカンドリ科、カツオドリ科、ウ科の海鳥を収録した。ただし内陸に生息するカイツブリとアメリカヒレアシシギは除いた。同文献で検討中とされている種、およびインターネットなどで観察情報が得られた種については、標本や写真などの根拠が確認できたものに限り収録した。

● 検索図

遠距離で詳細な観察ができない場合に、姿勢や行動、シルエットをもとに、科レベルの大まかなグループ分けをする検索図をp.6-7に掲載した。科が判明したら図鑑ページに移り、類似種を検討していただきたい。

● コラム

特に類似したグループについて、写真などを併用して識別点を整理・詳述するページを設けた。

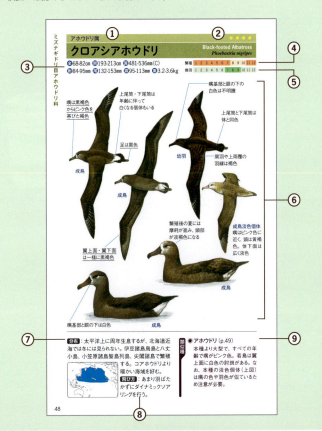

①分類、掲載順について

　分類および和名、学名、英名、科名、目名は日本鳥学会（2024）に準じ、未掲載の種はGill et al.（2024）を参考に和名を山階（1986）などの文献に基づき使用、もしくは新称を付けた。掲載順は目録通りではなく、類似する種が見開きで比較できるように適宜並べ替えている。

②観察頻度

　国内での観察しやすさを以下の4段階で表示した。
●●●●：毎年定期的に渡来あるいは周年生息する。個体数が多い、または国内の広い範囲で見られる種。
○●●●：毎年定期的に渡来あるいは周年生息する。個体数が少ない、または分布が局地的な種。
○○●●：不定期に渡来し、個体数が少ない種。
○○○●：記録は10例以下で稀に渡来する程度。

③測定値

　鳥体の大きさを示す指標として以下の測定値を文献より記載した。
全：全長。鳥を仰向けに寝かせて嘴を床と並行にした状態で、嘴先端から尾先端までの長さ。
開：翼開長。翼を広げた状態で、翼の両端の長さ。
翼：翼長。翼をたたんだ状態で、翼角の関節から初列風切先端までの長さ。測定方法によって自然翼長（Minimum chord ＝C：翼は自然に湾曲した状態）、平圧翼長（Flattened wing＝F：平らな面に押し付けた状態）、最大翼長（Maximum length ＝M：平らな面に押し付けできる限りまっすぐに伸ばした状態）を記し、測定方法が不明の場合は（Unknown＝U）とした。
跗：跗蹠長。脛と跗蹠の関節から、跗蹠と足指の関節までの長さ。
尾：尾長。尾を自然にたたんだ状態で、尾羽の根元から最も長い先端までの長さ。
嘴：露出嘴峰長。嘴の羽毛の生え際から嘴先端までの長さ。
重：体重。

④繁殖期

　繁殖地において、産卵開始から営巣地を離れるまでの時期を月単位で示した。多くの場合、繁殖期は幼鳥の巣立ちによって終了する。

⑤初列風切の換羽時期

　成鳥の初列風切の換羽が始まってから終わるまでの時期を月単位で示した。

⑥図版

　基本的に成鳥を観察機会の多い姿勢で描き、雌雄、生殖羽と非生殖羽、型など羽衣の違いがある場合は適宜加えた。年齢による羽衣の変化があり、かつ国内で観察機会がある場合は雛、幼羽、若鳥などの羽衣を加えた。なお、同じページに多くの図版がある場合、適宜一部の図版を縮小している。各図版には羽衣に関する短い説明と、その種の特徴あるいは識別ポイントを書き込んだ。性・齢に関わらず共通する特徴には下線を引いた。

⑦分布・渡来状況

　分布域を地図上に示し、繁殖期、非繁殖期、周年生息する地域を下図のように色分けした（黄色：繁殖期に生息、緑色：周年生息、青色：非繁殖期に生息）。ただし、世界に広く分布する種は、日本周辺を拡大して示した。本文では、国内における繁殖地や渡来状況などを簡潔に記述した。

⑧飛び方・行動

　羽ばたきや滑空など飛翔時の動作、特徴的な行動を記した。

⑨類似種

　識別する上で特に注意が必要な種を取り上げ、識別点を簡潔に表記した。種によっては特定の羽衣（例えば成鳥非生殖羽のみ）が類似する例もあり、その場合は対象となる羽衣を記した。

部位の名称

用語解説

【種】生物を分類する上で基本となる単位。
【亜種】種の下位にある区分。固有の特徴を持つ地理的な品種を指す。
【型】同所的な集団の中に見られる羽色の変異。フルマカモメ(p.64)の淡色型と暗色型など。
【換羽】古い羽毛が抜け、新しい羽毛に定期的に生え換わること。
【羽衣】鳥の体に生える羽毛のまとまりを指す。雛から成鳥への成長によって、また、季節によって羽衣は変化する。
【生殖羽】繁殖期にまとう羽衣。夏羽と同義だが、必ずしも季節とは対応しないため本書は生殖羽を用いた。
【非生殖羽】非繁殖期の羽衣で冬羽とも呼ばれる。
【決定羽】それ以上成長しても羽色の変化が起こらなくなった羽衣。
【雛】孵化してから、幼羽が生えそろうまでの鳥。
【幼鳥】幼羽が生えそろってから決定羽になるまでの状態の鳥。
【若鳥】幼鳥のうち、幼羽をほとんど残していないか、成鳥との区別が可能な鳥。
【成鳥】決定羽になった鳥。
【幼綿羽】孵化後の雛に生えている羽軸がないふわふわした羽毛。新しい羽毛が伸びてくると先端部にしばらく残るが、やがて脱落する。
【幼羽】孵化後、最初に生える正羽(羽軸のある羽毛)の羽衣。
【第一回非生殖羽】幼羽から換羽した後の羽衣。第一回冬羽と同義。
【第一回生殖羽】第一回非生殖羽から換羽した後の羽衣。第一回夏羽と同義。
【足の突出】飛翔時に、尾羽の先端よりも足先の方が長く突き出た状態。アシナガウミツバメ(p.52)など一部の種で識別点となる。
【ダイナミックソアリング】海上に生じる風の速度勾配を利用した飛び方。風上に向かって上昇、追い風で滑空をくり返して移動するため、軌跡は波状となる。アホウドリ類やミズナギドリ類がよく行う。
【帆翔】翼を広げたまま羽ばたかずに、高度を維持する飛び方。
【滑翔】翼を羽ばたかず、滑るように進む飛び方。
【盗賊行為】ほかの水鳥を追い回し威嚇や攻撃することで、吐き出した食物を横取りする行動。盗賊的寄生。
【留鳥】一年中同じ地域に生息する鳥。季節的な移動を行わない。
【旅鳥】繁殖地と越冬地を移動する途中に日本を通過する鳥。多くは春と秋、あるいはどちらか一方の時期に出現する。
【翼帯】翼に見られる帯状の模様。
【M字マーク】翼上面に見られる、初列風切、翼角、雨覆、腰を繋ぐM字形の暗色帯。シロハラミズナギドリ類やミナミオナガミズナギドリ(p.85)などに見られる。
【サドルバッグ】腰の両脇付近から体上面に食い込む白色斑。オガサワラミズナギドリ(p.89)などに見られる。
【チンストラップ】喉に見られる首輪状の横帯。
【ベントストラップ】下尾筒付近を横切る帯状の模様。アビ科の一部の種に見られる。

飛んでいる海鳥の見分け方

動き続ける船舶から観察するときなど、限られた時間の中で海鳥を識別する必要がある。細部にこだわる前に、飛び方と大まかな形態から受ける印象で見当をつけると良い。

1. 羽ばたき続ける

→首が長く尾は短い
→アビ科 (p.40)

三角形の翼

→カイツブリ科 (p.8)

後縁に円みがある

→首と尾が長い
→ウ科 (p.100)

翼は太い

尾は円い

高空では滑翔を交える

→首が短い
→ウミスズメ科 (p.20)

小型種の羽ばたきは非常に速い

→ヒレアシシギ属 (p.12)

細長い嘴

翼は短く尖る

2. 主に帆翔、時折羽ばたく

→グンカンドリ科 (p.94)

長く尖った翼と二股の尾

3. 羽ばたきと滑翔を交互に行う

→首と尾が長い
→カツオドリ科 (p.96)

翼は細く尖る

尾は尖る

→ダイナミックソアリングを行う
→アホウドリ科 (p.46)

大型で非常に長い翼
太く大きい嘴

→ミズナギドリ科 (p.64)

中〜小型
嘴は小さめ

→ひらひらした羽ばたき
→アシナガウミツバメ科 (p.52)
→ウミツバメ科 (p.55)

海面付近を低く飛ぶ
大型種ではミズナギドリに似た飛び方をすることもある

→力強く一定の羽ばたきでスピードに乗った飛翔
→トウゾクカモメ科 (p.14)

高空を直線的に飛ぶ

→深く規則的な羽ばたきと短い滑翔
→ネッタイチョウ科 (p.38)

中央尾羽を除き尾は短い

水面にいる海鳥の見分け方

浮いたままじっとしているときは、動作より形態の違いに着目することになる。頭と体のバランス、尾の長さ、嘴の形などから総合的に判断する。

1. 首が長い

→尾が長い
→ウ科 (p.100)

潜水時に尾が目立つ

→尾が短い
→アビ科 (p.40)

頸が太い / 体の後ろ側が水中に沈む

→カイツブリ科 (p.8)

頸が細い / 体の中央部分が盛り上がる

→アホウドリ科 (p.46)

大きい嘴 / 体の後ろ側が盛り上がる

2. 首が短い

→尾が短い
→ウミスズメ科 (p.20)
小型種 (ウミスズメなど)

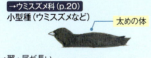

太めの体

→翼・尾が長い
→アシナガウミツバメ科 (p.52)
→ウミツバメ科 (p.55)

下向きの嘴 / 翼と尾が長く突出する

※通常泳ぐことがないグンカンドリ科は除外。

3. 首は中程度

→尾が長い
→カツオドリ科 (p.96)

先端が尖る / 大きい嘴

→ネッタイチョウ科 (p.38)

長い中央尾羽

→トウゾクカモメ科 (p.14)

頭が小さく頸が太い

トウゾクカモメ・クロトウゾクカモメ・シロハラトウゾクカモメの幼鳥の尾は長くない。オオトウゾクカモメの尾は短い。

→尾は中程度
→ミズナギドリ科 (p.64)

管鼻がある

→ヒレアシシギ属 (p.12)

細長い嘴

→尾が短い
→ウミスズメ科 (p.20)
中〜大型種 (ウミガラスなど)

太めの体

ウミスズメの仲間は潜水時に翼を開く

カイツブリ目カイツブリ科

カンムリカイツブリ属
アカエリカイツブリ

Red-necked Grebe
Podiceps grisegena

全40-50cm 開77-85cm 翼183-210mm (F)
跗55.4-72.4mm 露44-57mm 重640-1616g

繁殖	1	2	3	4	5	6	7	8	9	10	11	12
換羽	1	2	3	4	5	6	7	8	9	10	11	12

- 頬に縞模様。1月には不鮮明になり、成鳥非生殖羽に似てくる
- 虹彩は黄色を帯びる
- 第一回非生殖羽
- 成鳥生殖羽に換羽中 3月ころに換羽する
- 嘴基部は黄色
- 頸は赤褐色
- 成鳥生殖羽
- 成鳥非生殖羽
- 翼前縁と次列風切は白色

- 頬と前頸は灰色を帯びる
- 成鳥非生殖羽
- カンムリカイツブリ（右）より頸が短く頭部が大きく見える

分布：本州以南の沿岸、内湾、河口に非繁殖期に渡来する。北海道の湖沼で繁殖する。

飛び方：速い羽ばたきで水面上を直線的に飛ぶ。低空を飛ぶことが多いが、数十mまで上昇することもある。飛翔時、頸から体は水平か、やや頸を下げた姿勢。

類似種

- **カンムリカイツブリ** (p.9)
  本種より頸が細長い。成鳥生殖羽は頬に赤褐色と黒色の飾り羽がある。成鳥非生殖羽は頬から前頸が白く、嘴はピンク色。
- **アビ類** (p.40-45)
  本種より大型で胴が長く、嘴基部に黄色の部分はない。

8

カンムリカイツブリ目カイツブリ科

カンムリカイツブリ属
カンムリカイツブリ

Great Crested Grebe
Podiceps cristatus

全50cm 翼開85cm 翼168-209mm（F）嘴55-65mm
跗39-58.8mm 重568-1490g

| 繁殖 | 1 | 2 | 3 | 4 | 5 | 6 | 7 | 8 | 9 | 10 | 11 | 12 |
| 換羽 | 1 | 2 | 3 | 4 | 5 | 6 | 7 | 8 | 9 | 10 | 11 | 12 |

- 第一回非生殖羽：頬の縞模様は晩秋まで残り、1月には不鮮明になる
- 成鳥生殖羽に換羽中：1〜3月に換羽する
- 成鳥生殖羽：冠羽は黒色／頬に赤褐色と黒色の飾り羽／繁殖期の嘴は黒紫色
- 成鳥非生殖羽：翼前縁から基部までと、次列風切は白色

- 成鳥非生殖羽：嘴はピンク色／頬から前頸は白色
- 成鳥非生殖羽：頸を曲げて眠る

分布：九州以北の沿岸、内湾、河口、湖沼に非繁殖期に渡来し、数千羽の群れをつくることもある。東北から本州中部、近年は北海道の湖沼で局所的に繁殖する。

飛び方：速い羽ばたきで水面上を低く直線的に飛ぶ。飛翔時、頸から体は水平に保たれる。

類似種
● アカエリカイツブリ（p.8）
嘴基部は黄色。本種より頸は短く、頭部は大きく見える。成鳥生殖羽では頸が赤褐色。成鳥非生殖羽の頬と頸は灰色を帯びる。

9

カンムリカイツブリ属
ミミカイツブリ

Horned Grebe
Podiceps auritus

全29-38cm 翼開長60cm 翼124-160mm (F)
嘴38-51.5mm 跗蹠18.8-26.8mm 重300-570g

| 繁殖 | 1 | 2 | 3 | 4 | 5 | 6 | 7 | 8 | 9 | 10 | 11 | 12 |
| 換羽 | 1 | 2 | 3 | 4 | 5 | 6 | 7 | 8 | 9 | 10 | 11 | 12 |

成鳥生殖羽に換羽中
3〜4月に換羽する

嘴はまっすぐで先端は白色

前頸から胸、脇は赤褐色

成鳥生殖羽

成鳥非生殖羽

翼前縁に白色部

次列風切は白色

境界は明瞭

頭上の後ろ側が最も高くなる

前頸は白色から淡褐色

成鳥非生殖羽

ハジロカイツブリは前頭部が盛り上がる。しばしば体の羽毛をふくらませる

ハジロカイツブリ　ミミカイツブリ

分布：北海道から九州の沿岸、内湾、河口に非繁殖期に渡来する。ハジロカイツブリと異なり、大きな群れを形成することは少ない。

飛び方：速い羽ばたきで水面上を低く直線的に飛ぶ。飛翔中に頭を持ち上げる動作を時々、行う。

類似種
● ハジロカイツブリ (p.11)
嘴が細く反ったように見え、頭上は前側が最も高くなる。成鳥生殖羽は頬が黒色。成鳥非生殖羽は頭上と頬の境界が不明瞭。翼上面は次列風切から内側初列風切まで白色で、前縁は無斑。

カンムリカイツブリ属													

ハジロカイツブリ

Black-necked Grebe
Podiceps nigricollis

全28-34cm 開57cm 翼124-139mm (F)
跗38-46mm 嘴18-26mm 重230-450g

繁殖	1	2	3	4	5	6	7	8	9	10	11	12
換羽	1	2	3	4	5	6	7	8	9	10	11	12

成鳥生殖羽に換羽中
2〜3月に換羽する

翼前縁に白色部はない

成鳥非生殖羽

次列風切から内側初列風切は白色

嘴は上に反ったように見える

頸から胸は黒色
成鳥生殖羽

頭上の前側が最も高くなる（平らな形に見えることもある）

境界は不明瞭

前頸は灰褐色

成鳥非生殖羽

分布：北海道から九州の沿岸、内湾、河口、湖沼に非繁殖期に渡来する。数十羽から数百羽の密集した群れを形成することがある。

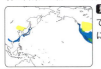

飛び方：速い羽ばたきで水面上を低く直線的に飛ぶ。

類似種
● ミミカイツブリ (p.10)
嘴はまっすぐで、頭上は後ろ側が最も高くなる。成鳥非生殖羽は頭上と頬の境界が明瞭に分かれる。飛翔時、翼上面前縁に白色部があり、後縁は次列風切のみ白色。

カイツブリ目カイツブリ科

チドリ目シギ科

ヒレアシシギ属
アカエリヒレアシシギ

Red-necked Phalarope
Phalaropus lobatus

全 18-19cm 開 31-34cm 翼 101-117mm(C) 跗 18-22mm
尾 44-54mm 嘴 19.7-24.1mm 重 20-48g

繁殖	1	2	3	4	5	6	7	8	9	10	11	12
換羽	1	2	3	4	5	6	7	8	9	10	11	12

嘴は細長く黒色
後頭から頸は濃い赤褐色
下雨覆に暗灰色の帯
白色の翼帯
成鳥♀生殖羽
成鳥♀生殖羽
頭から頸の羽色が♀より淡い
成鳥♂生殖羽
上面は灰色で白色の羽縁は明瞭
上面は黒褐色で羽縁は黄褐色
成鳥非生殖羽
幼羽

分布：旅鳥として春・秋に全国の沿岸から沖合海上、内陸の湿地に渡来する。時に数千羽の大群になることもある。

飛び方：羽ばたきは非常に速く、水面上を低く飛ぶ。採食時は頭を上げた姿勢で頸を左右に振り、回るように泳ぐ。

類似種
● ハイイロヒレアシシギ（p.13）
本種より大型で太めの体形。嘴は太短く基部側が黄色。下雨覆は白色。成鳥非生殖羽では上面が一様な灰色に見える。

ハイイロヒレアシシギ

ヒレアシシギ属

Red Phalarope
Phalaropus fulicarius

チドリ目シギ科

全20-22cm 開37-40cm 翼119-139mm (C)
嘴19-23mm 尾58-72mm 跗19.8-24.9mm 重37-77g

繁殖	1	2	3	4	5	6	7	8	9	10	11	12
換羽	1	2	3	4	5	6	7	8	9	10	11	12

嘴は太短く、基部は黄色で先端は黒色

白色の翼帯

下雨覆は白色

成鳥♀生殖羽

喉から体下面は濃い赤褐色

成鳥♀生殖羽

♀より淡い

成鳥♂生殖羽

嘴は基部のみ黄色

上面は一様に灰色

上面は黒褐色で羽縁は黄褐色

成鳥非生殖羽

灰色の新羽が伸び始めた状態

幼羽から第一回非生殖羽に換羽中

分布：旅鳥として全国の沿岸から沖合海上に渡来する。春の渡来は早く関東地方沖では3月下旬から見られる。冬にも時々見られる。

飛び方：羽ばたきは非常に速く、水面上を低く飛ぶ。採食時は頭を上げた姿勢で頸を左右に振り、回るように泳ぐ。

類似種
● アカエリヒレアシシギ (p.12)
本種より小型で細めの体形。嘴は細長く全体が黒色。飛翔時、下雨覆に暗灰色の帯が入る。成鳥非生殖羽の上面は白色の羽縁が明瞭。

13

チドリ目トウゾクカモメ科

トウゾクカモメ属

オオトウゾクカモメ

South Polar Skua
Stercorarius maccormicki

全 50-55cm **開** 130-140cm **翼** 367-412mm（C）
嘴 55-70mm **尾** 139-167mm **跗** 42-54mm **重** 899-1619g

| 繁殖 | 1 | 2 | 3 | 4 | 5 | 6 | 7 | 8 | 9 | 10 | 11 | 12 |
| 換羽 | 1 | 2 | 3 | 4 | 5 | 6 | 7 | 8 | 9 | 10 | 11 | 12 |

秋に風切羽の換羽が終了した状態

※成鳥には淡色型、暗色型、中間型がある。幼羽にこれらの型はない。

成鳥は春から夏に初列風切を換羽する

成鳥暗色型

成鳥淡色型

初列風切の基部に目立つ白色斑

大雨覆が脱落すると次列風切基部に白色帯が出る

成鳥淡色型

成鳥中間型

春から夏に羽毛が摩耗しておらず、風切羽を換羽していないのは幼羽と考えられる。成鳥中間型に似るが体は一様に灰褐色で、嘴基部は青灰色

幼羽

分布：主に旅鳥として北海道から東日本の太平洋上に渡来し、4〜6月に本州付近、7〜10月に北海道付近で見られる。

飛び方：高い高度を一定の羽ばたき間隔で、力強く直線的に飛ぶ。中型から大型の海鳥に盗賊行為を行う。

類似種
● **トウゾクカモメ**（p.15）
　暗色型や若鳥は本種に似るが、より小型で翼は細い。
● **大型カモメ類の幼鳥**
　初列風切基部に白色斑はない。本種より細めの体形。飛翔は、羽ばたきの力強さや体の安定感がなく軽い印象。

トウゾクカモメ属
トウゾクカモメ

Pomarine Jaeger
Stercorarius pomarinus

- 全 46-51cm
- 開 125-138cm
- 翼 331-376mm（C）
- 跗 50-59mm
- 尾 120-138mm（中央尾羽の突出 48-115mm）
- 嘴 35-43mm
- 重 542-870g

| 繁殖 | 1 | 2 | 3 | 4 | 5 | 6 | 7 | 8 | 9 | 10 | 11 | 12 |
| 換羽 | 1 | 2 | 3 | 4 | 5 | 6 | 7 | 8 | 9 | 10 | 11 | 12 |

- 胸の帯を欠くタイプ（♂に見られる）
- 初列風切の羽軸は白色
- 成鳥暗色型生殖羽
- 成鳥淡色型非生殖羽
- 翼下面に淡色斑が2つ
- 下雨覆は一様に黒褐色
- 成鳥淡色型生殖羽
- 中央尾羽の先端は円くねじれたスプーン状
- 嘴は太い
- 太めの体形
- 下雨覆に横斑が少し残る
- 下雨覆に黒褐色が混じる
- 頭部は成鳥に似る
- 第三回生殖羽
- 上雨覆に淡褐色の羽縁
- 第二回生殖羽
- 上雨覆の羽縁は目立たない
- 下雨覆全体に黒色横斑が入る
- 第一回生殖羽
- 幼羽中間型

※成鳥には淡色型と暗色型、若い個体は淡色型、暗色型とその中間型がある。

分布：旅鳥として北海道から東日本の太平洋上に渡来し、関東付近で越冬する個体も多い。南西日本にも記録はあるが個体数は少ない。

飛び方：力強い羽ばたき飛翔で、時折短い滑翔を交える。ミツユビカモメなど中型の海鳥に盗賊行為を行う。

類似種

- **クロトウゾクカモメ**（p.16）
  本種より細めの体形で嘴は細い。中央尾羽は細く尖る（p.18-19参照）。

- **カワリシロハラミズナギドリ**（p.68）
  飛翔は上昇と下降をくり返すミズナギドリ類特有の飛び方。

チドリ目トウゾクカモメ科

トウゾクカモメ属
クロトウゾクカモメ

Parasitic Jaeger
Stercorarius parasiticus

全41-46cm 開110-125cm 翼288-344mm（C）
跗38-46mm 尾100-140mm（中央尾羽の突出54-105mm）
嘴26-34mm 重301-697g

繁殖	1	2	3	4	5	6	7	8	9	10	11	12
換羽	1	2	3	4	5	6	7	8	9	10	11	12

※成鳥には淡色型と暗色型、若い個体は淡色型、暗色型とその中間型がある。

分布：主に旅鳥として北海道から東日本の太平洋上に渡来する。冬も見られるがトウゾクカモメより少ない。

飛び方：力強い羽ばたきで、時折短い滑翔を交える。アジサシやウミネコに対し盗賊行為を行う。

類似種
- **トウゾクカモメ**（p.15）
  本種より太めの体形で嘴は太い。中央尾羽の先端は円い。
- **シロハラトウゾクカモメ**（p.17）
  本種より小型で翼が細く、嘴は短い。上雨覆は灰褐色。
  （p.18-19参照）

トウゾクカモメ属
シロハラトウゾクカモメ

Long-tailed Jaeger
Stercorarius longicaudus

全48-53cm 開105-117cm 翼270-344mm (C)
跗39-46mm 尾102-140mm (中央尾羽の突出125-265mm)
嘴23-34mm 重218-444g

繁殖	1	2	3	4	5	6	7	8	9	10	11	12
換羽	1	2	3	4	5	6	7	8	9	10	11	12

チドリ目トウゾクカモメ科

※成鳥には淡色型と暗色型があり、暗色型は極めて稀。若い個体は淡色型、暗色型とその中間型がある。

分布：旅鳥として北海道から東日本、小笠原諸島にかけての太平洋上に渡来し、春に多い。

飛び方：浅く軽めの羽ばたき飛翔に時折滑翔を交えて俊敏に飛ぶ。細長い翼で羽ばたく様子はアジサシ類を連想させる。盗賊行為を行う頻度は少ない。

類似種
- **トウゾクカモメ** (p.15)
  本種より大型で太めの体形。翼と嘴は太い。中央尾羽の先端は円い。
- **クロトウゾクカモメ** (p.16)
  本種より細めの体形で嘴は細い。成鳥の中央尾羽はより短い。(p.18-19参照)

▶ Column 01

トウゾクカモメ類の識別

● 種の識別

トウゾクカモメ類は形態がよく似ている上、年齢と季節による羽色の変化、羽色の多型があるため識別の難しいグループである。体形やサイズの違いは幼羽から成鳥まであまり変わらないので、まずは形態に注目し、次に羽色などを検討すると良い。

		トウゾクカモメ	クロトウゾクカモメ	シロハラトウゾクカモメ
形態や大きさ、動作の大まかな印象（Jizz：ジズ）		大型でウミネコ大。太く頑丈な体つきと太い翼。飛翔は力強い。	サイズは3種の中で中間的。頭は小さく、細めの体形。	小型でユリカモメ大。翼は細長く、軽やかな飛翔はアジサシ類に似る。
体形	嘴	太く長い[1]。先端は強く湾曲する。成鳥は灰色からピンク色、幼羽は灰色で先端1/3が黒色。	細く長い[1]。先端の湾曲は弱い。成鳥は黒色、幼羽は基部が灰色で先端1/3が黒色。	短い[1]。成鳥は黒色、幼羽は基部が灰色で先端約1/2が黒色。
	頭	丸みを帯びて大きい[2]。	体に対して小さい[2]。	頸が短く、頭は相対的に大きい[2]。
	胴体	太く厚みのある胴体で、腹は丸く突き出る[3]。	細めの体形で腹の輪郭はなだらか[3]。	太短く、胸が最も張り出す[3]。
	翼	太い。	3種の中で中間的な形。	細くアジサシ類に似る。
翼の羽色	翼下面	淡色斑は明瞭で初列風切基部とその内側に2つある[4]。	淡色斑はやや不明瞭で初列風切基部に1つある[4]。	淡色斑なし[4]。
	翼上面	翼上面は黒褐色。初列風切の羽軸は数本が白色[5]。	翼上面は黒褐色。初列風切の羽軸は数本が白色[5]。	上雨覆は次列風切より淡い灰褐色[7]。初列風切の羽軸は外側2-3本が白色[5]。
中央尾羽		成鳥は先端が円く、ねじれたスプーン状[6]。幼羽はわずかに突出し、先端は円い。	成鳥は細長く尖る[6]。幼羽はわずかに突出し、細く尖る。	成鳥は細長く、クロトウゾクカモメより長く伸びる[6]。幼羽はわずかに突出するがあまり尖らない。
渡来時期（北海道-関東）		秋から春（北日本では厳冬期に少ない）。	春・秋。	春・秋（春に多い）。

※図版はすべて成鳥生殖羽

● 年齢の識別

　トウゾクカモメ類は幼羽から成鳥羽まで年齢によってさまざまな羽衣が見られる。ここでは幼羽から第三回生殖羽までの特徴を示した。加齢により翼上・下面の斑点が減少し、中央尾羽は長く伸びるのは、3種に共通している。

幼羽
シロハラトウゾクカモメ
(9月、銚子市) SK
下雨覆全体に細かな黒色横斑が入る。背から肩羽、上雨覆は淡褐色の羽縁が明瞭。

第一回生殖羽→第二回非生殖羽
トウゾクカモメ
(10月、六ケ所村沖) TH
幼羽に似て下雨覆全体に横斑が入る。背から肩羽、上雨覆は羽縁が不明瞭になる。中央尾羽は短いが明瞭に突出する。
1年目の個体は幼羽の風切羽を冬から夏にかけて換羽する。

第二回生殖羽
トウゾクカモメ
(4月、いわき市沖) TH
頭部は成鳥に似て黒色部が明瞭になる。下雨覆に黒褐色の羽毛が少し混じる。中央尾羽は短いが明瞭に突出する。

第三回生殖羽
トウゾクカモメ
(7月、根室市沖) TH
成鳥に似るが、下雨覆に横斑がわずかに残る。中央尾羽は成鳥に比べやや短い。

チドリ目ウミスズメ科

ヒメウミスズメ属
ヒメウミスズメ

Little Auk
Alle alle

全17-19cm 開40-48cm 翼111-127mm(C)
嘴19-22mm 尾28-38mm 跗13.1-16.4mm 重136-204g

| 繁殖 | 1 | 2 | 3 | 4 | 5 | 6 | 7 | 8 | 9 | 10 | 11 | 12 |
| 換羽 | 1 | 2 | 3 | 4 | 5 | 6 | 7 | 8 | 9 | 10 | 11 | 12 |

次列風切先端に白色の帯

成鳥非生殖羽

嘴は太く短い
虹彩は黒褐色
生殖羽は頭部から胸、上面が黒色

成鳥生殖羽

肩羽に白いすじ状の羽縁
潜水をくり返すときなど、翼を下げた姿勢になる

成鳥非生殖羽

喉から側頸まで白色

分布：国内では北海道、静岡、大分、沖縄で記録があるだけの迷鳥。
飛び方：非常に速いピッチの羽ばたき飛翔。低空を直線的に、時に不規則に揺れながら速いスピードで飛ぶ。

類似種
● コウミスズメ（p.31）
虹彩は白色（第一回非生殖羽では灰色）で、成鳥は眼の後方に白色の飾り羽がある。肩羽に白色の帯が入る。

オオハシウミガラス属
オオハシウミガラス

Razorbill
Alca torda

全37-39cm 開63-66cm 翼187-209mm（C）
跗28-34mm 尾68-85mm 嘴29.8-37mm 重524-890g

| 繁殖 | 1 | 2 | 3 | 4 | 5 | 6 | 7 | 8 | 9 | 10 | 11 | 12 |
| 換羽 | 1 | 2 | 3 | 4 | 5 | 6 | 7 | 8 | 9 | 10 | 11 | 12 |

頭部から頸、上面は黒色で、嘴と眼先に特徴的な白色の線が入る

嘴は太い

成鳥非生殖羽

尾は長く尖り、足先を越える

成鳥生殖羽

尾は長い

喉から頬、側頸は白色

成鳥非生殖羽

嘴は細く、全体が黒色

頬は白色で、眼の後方に不明瞭な黒褐色の線が入る

第一回非生殖羽

分布：1820年代に日本周辺の海域で採集とされる標本には情報に不十分・疑問な点があり、『日本鳥類目録改訂第8版』では検討中の種・亜種に区分されている。

飛び方：力強くピッチの速い羽ばたき飛翔で、ウミガラス類に似る。

類似種
● ハシブトウミガラス（p.22）
ウミガラス（p.23）
本種より嘴は細く先が尖り、尾は短い。

チドリ目ウミスズメ科

チドリ目ウミスズメ科

ウミガラス属

ハシブトウミガラス

Thick-billed Murre
Uria lomvia

全39-43cm 開65-73cm 翼211-232mm(C)
嘴34-41mm 尾45-57mm 跗38.1-48.4mm 重810-1080g

| 繁殖 | 1 | 2 | 3 | 4 | 5 | 6 | 7 | 8 | 9 | 10 | 11 | 12 |
| 換羽 | 1 | 2 | 3 | 4 | 5 | 6 | 7 | 8 | 9 | 10 | 11 | 12 |

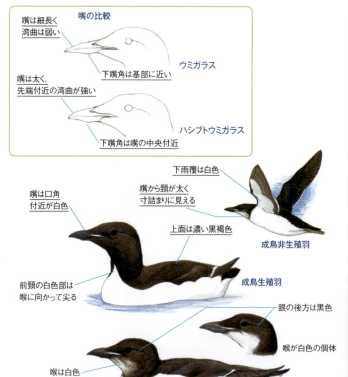

分布：本州中部以北の太平洋・日本海に非繁殖期に渡来する。北日本の太平洋側ではウミガラスよりずっと多い。**飛び方**：力強くピッチの速い羽ばたき飛翔。低空を直線的に、時にゆるやかな上下移動を交え、速いスピードで飛ぶ。

類似種
- **ウミガラス**（p.23）
  上面は本種より褐色を帯び、淡く見える。嘴はより細長く、湾曲が弱い。口角は黒色。成鳥非生殖羽は眼の後方に黒褐色の細い線が入る。
- **オオハシウミガラス**（p.21）
  嘴は太く尾は長い。

| ウミガラス属 | ● ● ● ● |

ウミガラス

Common Murre
Uria aalge

(全)42-47cm (開)66-79cm (翼)205-235mm (U)
(跗)37.3-42.4mm (尾)55.5-66mm (嘴)42.8-47.1mm
(体)945-1044g

| 繁殖 | 1 | 2 | 3 | 4 | 5 | 6 | 7 | 8 | 9 | 10 | 11 | 12 |
| 換羽 | 1 | 2 | 3 | 4 | 5 | 6 | 7 | 8 | 9 | 10 | 11 | 12 |

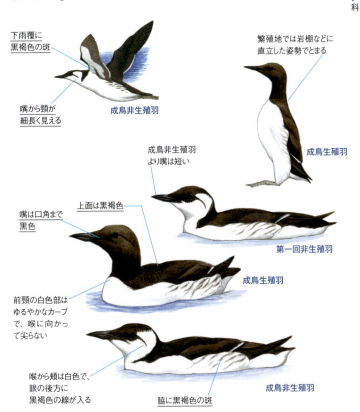

下雨覆に黒褐色の斑
嘴から頸が細長く見える
成鳥非生殖羽

繁殖地では岩棚などに直立した姿勢でとまる
成鳥生殖羽

成鳥非生殖羽より嘴は短い
上面は黒褐色
嘴は口角まで黒色
第一回非生殖羽

前頸の白色部はゆるやかなカーブで、喉に向かって尖らない
成鳥生殖羽

喉から頬は白色で、眼の後方に黒褐色の線が入る
脇に黒褐色の斑
成鳥非生殖羽

分布：本州中部以北の太平洋・日本海に非繁殖期に渡来する。北海道天売島で繁殖するが、個体数は少ない。**飛び方**：力強くピッチの速い羽ばたき飛翔。低空を直線的に、時にゆるやかな上下移動を交え、速いスピードで飛ぶ。

類似種
● **ハシブトウミガラス**（p.22）
上面は本種より濃い黒褐色。嘴は太く、先端が強く湾曲し、口角付近は白色。脇は無斑。成鳥生殖羽の前頸は、白色部が喉に向かって尖る。成鳥非生殖羽は眼の後方が黒色で、喉は白色または汚白色。

ウミバト属

ハジロウミバト

Black Guillemot
Cepphus grylle

全30-32cm 開52-58cm 翼150-168mm（C）
跗28-33mm 尾43-53mm 嘴26.1-34.8mm 重315-525g

| 繁殖 | 1 | 2 | 3 | 4 | 5 | 6 | 7 | 8 | 9 | 10 | 11 | 12 |
| 換羽 | 1 | 2 | 3 | 4 | 5 | 6 | 7 | 8 | 9 | 10 | 11 | 12 |

※5亜種が知られるが、国内で観察された亜種は未確定。図は北米とユーラシアの極北地域で繁殖する亜種 *C. g. mandtii*。

雨覆に褐色の小斑が入る

大雨覆は白色だが基部が黒褐色の個体もいる

第一回非生殖羽

下雨覆は一様に白色で風切羽先端は黒色

翼上面に大きな白色斑。大雨覆に黒色の帯はなく一様に白色

成鳥非生殖羽

雨覆に褐色斑

大雨覆に黒色の帯はない

第一回非生殖羽

翼上面に白色斑

成鳥生殖羽

風切羽と雨覆の一部、尾などを除き白色

成鳥非生殖羽

分布：極めて稀で、2012年6月に北海道知床半島沖で成鳥生殖羽1羽の観察例があるのみ。

飛び方：ピッチの速い羽ばたき飛翔。低空を直線的に速いスピードで飛ぶ。

類似種

● ウミバト（亜種アリューシャンウミバト）(p.25)
外側の大雨覆は基部が黒褐色。下雨覆の全面あるいは一部が黒褐色。成鳥非生殖羽と第一回非生殖羽では、本種より頭部や体上面に黒褐色部が多い傾向。

ウミバト属

ウミバト

Pigeon Guillemot
Cepphus columba

全 33-43cm **開** 58-73cm **翼** 180-192mm (U)
嘴 31-37mm **尾** 45-58mm **跗** 30-37.2mm **重** 389-446g

繁殖	1	2	3	4	5	6	7	8	9	10	11	12
換羽	1	2	3	4	5	6	7	8	9	10	11	12

※国内に亜種ウミバト *C. c. snowi* と亜種アリューシャンウミバト *C. c. kaiurka* が分布する。個体差があり亜種の識別に不確定な点が多いが、本書では国内で見られる翼の白色斑が小さいか無斑のタイプを亜種ウミバト、白色斑が明瞭なタイプを亜種アリューシャンウミバトとして解説した。

亜種ウミバト
C. c. snowi

成鳥生殖羽
翼上面はわずかに白色斑が入るか無斑
成鳥非生殖羽

成鳥非生殖羽に似るが、胸から腹に粗い横斑
第一回非生殖羽

亜種アリューシャンウミバト
C. c. kaiurka

成鳥生殖羽
大雨覆に黒色の帯があり、切れ込みのように見える

体は白色で上面に灰褐色の小斑が入る

成鳥非生殖羽

雨覆に黒褐色の小斑が入る
第一回非生殖羽
下雨覆は黒褐色で白色帯が入る個体もいる

大雨覆基部に黒色の帯があり、外側ほど太くなる

成鳥非生殖羽

分布：北日本の海上に非繁殖期に渡来する。道東には少数が毎年渡来し、比較的岸寄りの海域に生息する。

飛び方：ピッチの速い羽ばたき飛翔。低空を直線的に速いスピードで飛ぶ。

類似種
● **ケイマフリ成鳥非生殖羽** (p.26)
亜種ウミバトに似るが翼上面は一様に黒褐色。上下嘴基部に白色斑があり、眼の周囲が白色。本種より嘴は大きい。

● **ハジロウミバト** (p.24)
大雨覆と下雨覆は一様に白色。

チドリ目ウミスズメ科

ウミバト属

ケイマフリ

Spectacled Guillemot
Cepphus carbo

全 39-41cm 開 67-71cm 翼 198-215mm（F）
嘴 35.5-39.1mm 尾 50.4-54.5mm 跗 39.2-46.1mm
重 576-760g

| 繁殖 | 1 | 2 | 3 | 4 | 5 | 6 | 7 | 8 | 9 | 10 | 11 | 12 |
| 換羽 | 1 | 2 | 3 | 4 | 5 | 6 | 7 | 8 | 9 | 10 | 11 | 12 |

翼上面・下面とも黒褐色
成鳥生殖羽
第一回非生殖羽
成鳥非生殖羽に似るが、胸から腹に粗い横斑
成鳥生殖羽
足は鮮やかな赤色
白色部の幅は狭い
脇から腹に黒褐色の粗い斑が入る
幼羽
成鳥非生殖羽
眼の周囲から後方にかけて白色
上下嘴基部に白色斑
成鳥生殖羽
喉から頸、体下面は白色
成鳥非生殖羽

分布：知床半島など北海道本土の一部と天売島、ユルリ島、モユルリ島などの島嶼、青森県弁天島で繁殖。非繁殖期は北日本の主に沿岸海域に生息する。

飛び方：ピッチの速い羽ばたき飛翔。低空を直線的に速いスピードで飛ぶ。

類似種

● ウミバト（亜種ウミバト）（p.25）
本種よりやや小型で、嘴は小さい。翼上面に白色斑を持つが、まったくない個体もいる。嘴基部に白色斑はない。細いアイリングがあるまぎらわしい個体もいるので、総合的に判断する。

マダラウミスズメ属

マダラウミスズメ

Long-billed Murrelet
Brachyramphus perdix

全24-29.5cm 開43cm 翼122-145mm(U)
嘴18-20.5mm 尾29-35mm 跗16-22.2mm 重112-325g

| 繁殖 | 1 | 2 | 3 | 4 | 5 | 6 | 7 | 8 | 9 | 10 | 11 | 12 |
| 換羽 | 1 | 2 | 3 | 4 | 5 | 6 | 7 | 8 | 9 | 10 | 11 | 12 |

成鳥生殖羽　成鳥非生殖羽　下雨覆は黒褐色　下雨覆が淡色なのは第一回非生殖羽の可能性がある　第一回非生殖羽（推定）

雌雄の違いについて（推定）
成鳥生殖羽のうち、やや小型で下面が濃い褐色の個体（左）は♀。大きめで下面が淡色の個体（右）は♂と考えられる。

- アイリングは白色
- 嘴は細長い
- 上面は茶褐色と褐色、下面はまだら模様
- 肩羽に不明瞭な淡色帯
- 成鳥生殖羽
- 後頭部の両脇に淡色斑
- 胸から腹に粗い横斑
- 第一回非生殖羽
- 上面は暗褐色で下面は白色
- 肩羽に白色の帯
- 成鳥非生殖羽

分布：北海道から北日本では非繁殖期に見られ、沿岸海域に少数が生息する。確実な繁殖記録はないが、千歳川流域で1910年代に幼鳥の採集例がある。

飛び方：ピッチの速い羽ばたき飛翔。低空を速く飛ぶが、しばしば高く上がることがある。

類似種

● **コバシウミスズメ**（p.109）
本種より嘴は短い。成鳥非生殖羽は頭上が黒色で顔は白色。

● **アメリカマダラウミスズメ**（p.109）
嘴は本種よりやや短くアイリングは目立たない。成鳥非生殖羽では眼の前後が白色。

チドリ目ウミスズメ科

27

チドリ目ウミスズメ科

ウミスズメ属

ウミスズメ

Ancient Murrelet
Synthliboramphus antiquus

全24.1-26.7cm 開43-48cm 翼130-143mm（C）
嘴24-28mm 尾32-38mm 跗12.3-14.7mm 重210-240g

繁殖	1	2	3	4	5	6	7	8	9	10	11	12
換羽	1	2	3	4	5	6	7	8	9	10	11	12

頬は白色

雛

下雨覆は白色

成鳥非生殖羽

成鳥生殖羽 後頭部の比較
カンムリウミスズメ（右）の頭上は、
黒色の長い冠羽が白色の後頭を覆う。
ウミスズメ（左）に冠羽はない

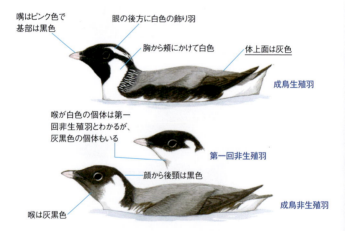

嘴はピンク色で基部は黒色

眼の後方に白色の飾り羽

胸から頬にかけて白色

体上面は灰色

成鳥生殖羽

喉が白色の個体は第一回非生殖羽とわかるが、灰黒色の個体もいる

第一回非生殖羽

顔から後頸は黒色

喉は灰黒色

成鳥非生殖羽

分布：北海道から九州の沿岸海域に非繁殖期に渡来する。北海道天売島で繁殖するほか、過去に北海道東部や岩手県の島嶼で繁殖記録がある。

飛び方：ピッチの速い羽ばたき飛翔。低空を速いスピードで直線的に飛ぶ。

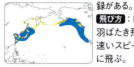

類似種

● **カンムリウミスズメ**（p.29）
嘴は青灰色で本種より細い。
成鳥生殖羽は頭上に長い冠羽があり、顔から側頸にかけて黒色。成鳥非生殖羽は眼の前後が白色。

ウミスズメ属

カンムリウミスズメ

Japanese Murrelet
Synthliboramphus wumizusume

全 22-26.5cm 開 39-46cm 翼 113-132mm (U)
嘴 23.2-27.8mm 尾 19-42mm 跗 13.8-17.8mm
重 139-213g

| 繁殖 | 1 | 2 | 3 | 4 | 5 | 6 | 7 | 8 | 9 | 10 | 11 | 12 |
| 換羽 | 1 | 2 | 3 | 4 | 5 | 6 | 7 | 8 | 9 | 10 | 11 | 12 |

チドリ目ウミスズメ科

頬は黒色 / 雛

下雨覆は白色 / 成鳥生殖羽

5〜6月から喉や頬がまだら模様になる
成鳥非生殖羽に換羽中

嘴先端は黒色を帯びる
成鳥非生殖羽に似るが冠羽はない
幼羽

長い冠羽がある
顔から側頭にかけて黒色
体上面は灰色
嘴は青灰色で基部はわずかに黒色
成鳥生殖羽（10〜5月）

冠羽は8〜9月ごろまで残る
眼の前後は白色
成鳥非生殖羽（6〜9月）

分布：石川県・三重県以西の島嶼および伊豆諸島で繁殖する。非繁殖期の6〜1月は北海道から九州の海域に広く出現する。

飛び方：ピッチの速い羽ばたき飛翔。低空を速いスピードで直線的あるいはゆるやかなカーブを交えて飛ぶ。

類似種 ●ウミスズメ (p.28)
嘴はピンク色で本種より太い。成鳥生殖羽に冠羽はなく、胸から頬にかけて白色。成鳥非生殖羽は顔から後頸まで黒色に覆われる。

29

チドリ目ウミスズメ科

エトロフウミスズメ属

ウミオウム

Parakeet Auklet
Aethia psittacula

全25-27cm 開44-48cm 翼139-155mm(C)
跗27-32mm 嘴37-44mm 尾13.7-17.4mm 重238-345g

| 繁殖 | 1 | 2 | 3 | 4 | 5 | 6 | 7 | 8 | 9 | 10 | 11 | 12 |
| 換羽 | 1 | 2 | 3 | 4 | 5 | 6 | 7 | 8 | 9 | 10 | 11 | 12 |

成鳥非生殖羽
- 頭は大きめで頸は長い
- 体の後ろ側は太い

第一回非生殖羽
- 嘴は黒色で虹彩は灰色。眼後方の飾り羽は短い

成鳥生殖羽
- 眼の後方に白色の飾り羽
- 嘴は太短く、鮮やかな赤色を帯びたオレンジ色
- 体下面は白色だが浮いているときは目立たない
- 腹から下尾筒は白色

成鳥非生殖羽
- 嘴の色は鈍い
- 喉から胸は白色

分布：北海道から本州北部の海上に非繁殖期に少数渡来する。大きな群れで見られることは少ない。

飛び方：ピッチの速い羽ばたき飛翔。小型のエトロフウミスズメより羽ばたきはゆるやか。速いスピードで低空を飛ぶ。

類似種
- **エトロフウミスズメ**（p.33）
額に冠羽があり、腹から下尾筒は灰褐色。本種より嘴が小さく、頸は短い。
- **ウミスズメ**（p.28）
本種より頸が短く、体上面は灰色で下雨覆は白色。嘴は細くピンク色。

エトロフウミスズメ属	
# コウミスズメ	**Least Auklet** *Aethia pusilla*

全16-18cm 開33-36cm 翼86-102mm (C)
跗17-20mm 尾23-28mm 嘴7.4-9.2mm 重70-101g

繁殖	1	2	3	4	5	6	7	8	9	10	11	12
換羽	1	2	3	4	5	6	7	8	9	10	11	12

肩羽に白色の帯
成鳥非生殖羽

成鳥非生殖羽

嘴は黒色
虹彩は灰色
眼後方の飾り羽はないか、ごく短い
第一回非生殖羽

上嘴基部に小さな突起
虹彩は白色
嘴は短く赤色と黒色で、先端が白色
成鳥生殖羽
体下面に灰黒色の不規則な横斑が入るが、個体差が大きい

嘴の色は鈍い
成鳥非生殖羽
眼の後方に白色の飾り羽
体下面は白色

分布：北海道から本州北部の太平洋側海上に非繁殖期に渡来する。

飛び方：非常に速いピッチの羽ばたき飛翔。速いスピードで低空を機敏に飛ぶ。船に驚くと短距離を飛んで海中に飛び込む。

類似種
- **ウミオウム** (p.30)
本種より大型で、頸と翼が長く見える。肩羽に白色の帯はない。嘴は太く大きい。
- **ウミスズメ** (p.28)
本種より細身で体が長く見える。体上面は灰色。嘴は細長くピンク色。

チドリ目ウミスズメ科

チドリ目ウミスズメ科

エトロフウミスズメ属

シラヒゲウミスズメ

Whiskered Auklet
Aethia pygmaea

全19-21cm **開**37cm **翼**101-113mm (C)
嘴19-23mm **尾**25-34mm **跗**8.1-10.2mm **重**99-141g

| 繁殖 | 1 | 2 | 3 | 4 | 5 | 6 | 7 | 8 | 9 | 10 | 11 | 12 |
| 換羽 | 1 | 2 | 3 | 4 | 5 | 6 | 7 | 8 | 9 | 10 | 11 | 12 |

成鳥非生殖羽
腹から下尾筒は白色

嘴基部と眼後方に白色の飾り羽がわずかに見られる

第一回非生殖羽

額に黒褐色の長い冠羽、眼先と眼後方に白色の飾り羽が3本

嘴は赤色で先端のみ白色

冠羽は短い

成鳥生殖羽

成鳥非生殖羽

嘴の色は鈍くなる

下尾筒は白色

分布：極めて稀。北海道東部の海域や本州中部以北で非繁殖期に記録がある。
飛び方：非常に速いピッチの羽ばたき飛翔。速いスピードで低空を機敏に飛ぶ。

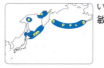

類似種

● エトロフウミスズメ (p.33)
本種よりやや大型。眼先に白色の飾り羽はない。腹から下尾筒は灰褐色。ただし、順光条件で下尾筒が光って本種のように白色に見えることがある。

エトロフウミスズメ属

エトロフウミスズメ

Crested Auklet
Aethia cristatella

全 24-26cm 開 40-50cm 翼 129-146mm (C)
嘴 25-30mm 尾 31-42mm 跗 10-13.6mm 重 211-322g

| 繁殖 | 1 | 2 | 3 | 4 | 5 | 6 | 7 | 8 | 9 | 10 | 11 | 12 |
| 換羽 | 1 | 2 | 3 | 4 | 5 | 6 | 7 | 8 | 9 | 10 | 11 | 12 |

チドリ目ウミスズメ科

飛翔時は冠羽が寝ていて目立たないことが多い

成鳥非生殖羽

腹から下尾筒は灰褐色

額と眼後方の飾り羽は短い

虹彩は灰色

第一回非生殖羽

額に房状の冠羽

眼の後方に白色の飾り羽

嘴はオレンジ色で太い

成鳥生殖羽

冠羽と眼後方の飾り羽は短い

虹彩は白色

嘴の色は鈍くなる

成鳥非生殖羽

下尾筒は灰褐色

分布：北海道から三陸沖の海上に非繁殖期に渡来する。

飛び方：力強くピッチの速い羽ばたき飛翔。速いスピードで低空を飛ぶ。しばしば大きな群れを形成し密集した塊となって飛ぶ。

類似種

● **ウミオウム** (p.30)
冠羽はなく、腹から下尾筒にかけて白色。飛翔時は本種より頸が細長く、翼は太い。

● **シラヒゲウミスズメ** (p.32)
本種より小型。眼先に白色の飾り羽がある。腹から下尾筒は白色。

33

チドリ目ウミスズメ科

アメリカウミスズメ属

アメリカウミスズメ

Cassin's Auklet
Ptychoramphus aleuticus

全20-23cm 翼開44cm 翼116-129mm（C）
嘴22-27mm 尾25-36mm 跗17.4-21.9mm 体重124-230g

繁殖	1	2	3	4	5	6	7	8	9	10	11	12
換羽	1	2	3	4	5	6	7	8	9	10	11	12

翼は太く短い
成鳥
腹から下尾筒は白色

虹彩は褐色
第一回非生殖羽

虹彩は白色。
眼の上に白色斑がある
上面は一様に暗灰色
嘴は太く長い。
下嘴基部は淡灰色
成鳥　下尾筒は白色

※成鳥生殖羽と非生殖羽に大きな違いはない。

分布：極めて稀。北日本沖および大阪府で、非繁殖期と7月に数例の記録がある。
飛び方：ピッチの速い羽ばたき飛翔。速いスピードで低空を飛ぶ。

類似種
● **エトロフウミスズメ**（p.33）
腹から下尾筒にかけて灰褐色。本種より翼は細く先が尖った形で、嘴は短い。特徴的な冠羽は飛翔時など状況によって目立たないことがある。

34

ウトウ属	

ウトウ

Rhinoceros Auklet
Cerorhinca monocerata

チドリ目ウミスズメ科

全35.5-39.3cm 開59.6-66cm 翼168-191mm(C)
嘴26-32mm 尾49-61cm 跗30.4-37.1mm 重353-616g

繁殖	1	2	3	4	5	6	7	8	9	10	11	12
換羽	1	2	3	4	5	6	7	8	9	10	11	12

幼羽

成鳥生殖羽 — 腹から下尾筒は白色

嘴は細く橙色を帯びる

頭部に飾り羽はない

嘴は短く暗灰色で下嘴基部は淡褐色

幼羽

前頸から胸は灰褐色

第一回非生殖羽

嘴は大きく橙色で、上嘴基部に灰白色の突起がある

眼後方と口角付近に2本の白色の飾り羽

嘴の色は鈍く、上嘴基部の突起は小さくなる

脇は灰褐色

成鳥生殖羽

飾り羽は目立たないが、厳冬期に明瞭な飾り羽を生じる個体もいる

成鳥非生殖羽

分布：北海道天売島、松前小島、大黒島、ユルリ島、モユルリ島、知床半島、岩手県椿島、宮城県足島などで繁殖し、付近で周年または繁殖期に見られる。本州以南には主に非繁殖期に渡来。

飛び方：力強くピッチの速い羽ばたき飛翔。低空を直線的に飛ぶ。

類似種

- **ウミオウム** (p.30)
  本種よりずっと小型で頸はやや長く、嘴は太短い。成鳥非生殖羽では喉から胸まで白色。
- **エトピリカ幼羽** (p.37)
  本種より嘴は太く、眼の後方は淡い灰褐色。足はピンク色を帯びた灰色。

35

チドリ目ウミスズメ科

ツノメドリ属
ツノメドリ

Horned Puffin
Fratercula corniculata

- 全 36-41cm
- 翼開 56-58cm
- 翼 167-194mm（C）
- 跗 25-31mm
- 尾 58-69mm
- 嘴 41.7-55.4mm
- 重 499-754g

繁殖	1	2	3	4	5	6	7	8	9	10	11	12
換羽	1	2	3	4	5	6	7	8	9	10	11	12

- 首輪状の黒色帯
- 体下面は白色
- 成鳥非生殖羽
- 若鳥と成鳥非生殖羽の足はピンク色を帯びた黄色色。成鳥生殖羽はオレンジ色
- 成鳥非生殖羽に似るが嘴は細く、くすんだ赤茶色
- 頸に首輪状の黒色帯。胸は白色で境界は明瞭
- 脇は白色
- 第一回生殖羽
- 嘴は大きく、基部が鮮やかな黄色で先端が赤色
- 眼先から頬は白色
- 成鳥生殖羽
- 嘴基部は細くくびれ、黒褐色を帯びる
- 眼先は黒色で頬は灰色
- 成鳥非生殖羽

分布：主に北日本で非繁殖期に記録されるが、個体数は少ない。北海道東部では繁殖期に記録されることもある。

飛び方：ピッチの速い羽ばたき飛翔。速いスピードで海上を直線的に飛ぶ。しばしば海上を高く飛ぶ。

類似種
- ●ウトウ（p.35）
  胸は灰色で、体下面の淡色部は腹から下尾筒に限られる。遊泳時の脇は灰褐色。
- ●エトピリカ幼羽（p.37）
  体下面は灰褐色で、首輪状の黒色帯はない。

| ツノメドリ属 |

エトピリカ

Tufted Puffin
Fratercula cirrhata

全37.1-40.6cm 開49.7-68.7cm 翼180-214mm（C）
跗27-36mm 尾57-69mm 嘴53.8-64.4mm
体520-1000g

| 繁殖 | 1 | 2 | 3 | 4 | 5 | 6 | 7 | 8 | 9 | 10 | 11 | 12 |
| 換羽 | 1 | 2 | 3 | 4 | 5 | 6 | 7 | 8 | 9 | 10 | 11 | 12 |

チドリ目ウミスズメ科

成鳥生殖羽 — 成鳥の足はオレンジ色
体下面は灰褐色
幼羽 — 幼鳥の足はピンク色を帯びた灰色

嘴は成鳥より細く、基部は黒色
嘴は成鳥より細く、オレンジ色で基部と上嘴先端は黒色
眼の後方は淡い灰褐色
第一回生殖羽
幼羽

嘴は橙赤色で大きく、基部は黄灰色を帯びる
眼の後方に黄白色の飾り羽
成鳥生殖羽

嘴基部は黒色で、わずかにくびれる
顔は黒褐色で、眼の後方は淡黄色を帯びる
成鳥非生殖羽

分布：北海道東部のユルリ島、モユルリ島でごく少数が繁殖し、道東太平洋側で春から秋に観察される。北日本の沿岸に非繁殖期に渡来するが、個体数は少ない。

飛び方：ピッチの速い羽ばたき飛翔。速いスピードで重そうに飛ぶ。しばしば海上を高く飛ぶ。

類似種

- **ウトウ**（p.35）
  本種より小型で嘴は細く、腹から下尾筒は白色。成鳥は上嘴基部に突起があり、顔に白色の飾り羽がある。
- **ツノメドリ**（p.36）
  頸に首輪状の帯があり、体下面は白色。

37

ネッタイチョウ目ネッタイチョウ科

ネッタイチョウ属

アカオネッタイチョウ

Red-tailed Tropicbird
Phaethon rubricauda

- 全 78-81cm
- 開 104-119cm
- 翼 294-349mm (C)
- 跗 28-33mm
- 尾 70-92mm (中央尾羽を除く)
- 280-457mm (中央尾羽を含む)
- 嘴 56-69mm
- 重 590-1095g

| 繁殖 | 1 | 2 | 3 | 4 | 5 | 6 | 7 | 8 | 9 | 10 | 11 | 12 |
| 換羽 | 1 | 2 | 3 | 4 | 5 | 6 | 7 | 8 | 9 | 10 | 11 | 12 |

※硫黄列島の繁殖期。

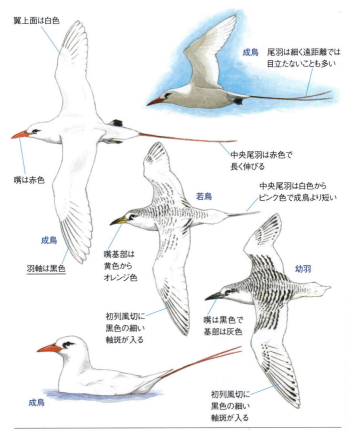

翼上面は白色

成鳥　尾羽は細く遠距離では目立たないことも多い

中央尾羽は赤色で長く伸びる

嘴は赤色

若鳥

中央尾羽は白色からピンク色で成鳥より短い

成鳥

羽軸は黒色

嘴基部は黄色からオレンジ色

幼羽

初列風切に黒色の細い軸斑が入る

嘴は黒色で基部は灰色

成鳥

初列風切に黒色の細い軸斑が入る

分布：硫黄列島と南鳥島で繁殖するほか、八重山諸島仲ノ神島で春から夏に記録がある。他地域では稀で、台風通過時に本州から九州に飛来することがある。

飛び方：浅く速い羽ばたきと滑空を交えて飛ぶ。海上を高く飛ぶこともある。

類似種
● **シラオネッタイチョウ** (p.39)
どの年齢でも嘴は本種より淡色。成鳥は翼上面の2か所に黒色部があり、中央尾羽が白色。幼羽と若鳥は外側初列風切に黒色部がある。

ネッタイチョウ目ネッタイチョウ科

ネッタイチョウ属
シラオネッタイチョウ

White-tailed Tropicbird
Phaethon lepturus

⚫⚫⚫🟣

⚫全70-82cm ⚫開90-95cm ⚫翼251-279mm(C) ⚫嘴18-21mm
⚫尾99-125mm(中央尾羽を除く)318-455.5mm(中央尾羽を含む)
⚫跗42-51mm ⚫重230-335g

| 繁殖 | 1 | 2 | 3 | 4 | 5 | 6 | 7 | 8 | 9 | 10 | 11 | 12 |
| 換羽 | 1 | 2 | 3 | 4 | 5 | 6 | 7 | 8 | 9 | 10 | 11 | 12 |

※ハワイ諸島の繁殖期。

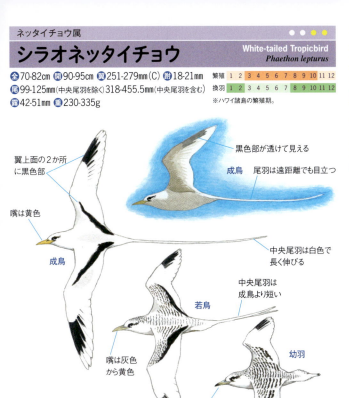

翼上面の2か所に黒色部
黒色部が透けて見える
成鳥
尾羽は遠距離でも目立つ
嘴は黄色
成鳥
中央尾羽は白色で長く伸びる
中央尾羽は成鳥より短い
若鳥
幼羽
嘴は灰色から黄色
嘴は灰色で先端は黒色
外側初列風切に黒色部
成鳥
外側初列風切に黒色部

分布：硫黄列島や八重山諸島の周辺海上で夏に見られる。他地域では稀だが台風通過時に本州から九州に飛来することがある。

飛び方：アジサシ類に似たしなやかな羽ばたきと滑空を交えて軽快に飛ぶ。海上を高く飛ぶこともある。

類似種
- ●アカオネッタイチョウ (p.38)
  大型で成鳥は翼上面が白色。嘴と中央尾羽は赤色。幼羽と若鳥の初列風切には黒色の細い軸斑が入る。
- ●アカハシネッタイチョウ (p.108)
  成鳥の嘴は赤色で、初列雨覆にも黒色斑が入る。

アビ目アビ科 アビ属

オオハム

Black-throated Loon
Gavia arctica

全69.5-76.5cm 開113.5-127cm 翼293-348mm（C）
嘴53-65mm 尾59-71mm 跗54-72mm 重2255-4000g

| 繁殖 | 1 | 2 | 3 | 4 | 5 | 6 | 7 | 8 | 9 | 10 | 11 | 12 |
| 換羽 | 1 | 2 | 3 | 4 | 5 | 6 | 7 | 8 | 9 | 10 | 11 | 12 |

- 頭上から後頚は暗灰色
- 成鳥生殖羽に換羽中 2～4月に換羽する
- 脇の後方に白色斑
- 成鳥生殖羽
- 頬の白色部は大きい
- 白色部は腰まで広がる
- ベントストラップ（下尾筒の横帯）はないが、一部の幼羽に見られる
- 喉は白色でチンストラップ（首輪状の横帯）はない
- 体上面は黒褐色
- 成鳥非生殖羽
- 成鳥非生殖羽
- 頬の白色部は大きい
- 羽縁は円く、淡褐色のうろこ模様（1～2月以降は摩耗して目立たないことがある）
- 喉は白色でチンストラップはない
- 幼羽

分布：九州以北の沿岸、海上に非繁殖期に渡来する。

飛び方：浅い羽ばたきで海面付近から高空を飛ぶ。飛翔中に頭を上げる動作を時々行う。群れはばらばらに飛び、ウ類のような編隊は組まない。

類似種

● **シロエリオオハム**（p.41）
本種より小型で、嘴は細めで短く直線的。脇は暗色。成鳥・幼羽ともベントストラップがある。成鳥生殖羽は頭上から後頚が明るい青灰色。成鳥非生殖羽はチンストラップがあり、幼羽はないか不明瞭（p.42参照）。

アビ属		Pacific Loon
# シロエリオオハム		*Gavia pacifica*

全62-67cm 開112cm 翼274-313mm (C) 跗65-79mm
嘴52-62mm 露44-61mm 重1670-2500g

繁殖	1	2	3	4	5	6	7	8	9	10	11	12
換羽	1	2	3	4	5	6	7	8	9	10	11	12

アビ目アビ科

分布：九州以北の沿岸、海上に非繁殖期に渡来する。渡来数は日本のアビ類で最も多い。

飛び方：浅い羽ばたきで海面付近から高空をオオハムより軽そうに飛ぶ。飛翔中に頭を上げる動作を時々行う。群れはばらばらに飛び、ウ類のような編隊は組まない。

類似種

● **オオハム** (p.40)

本種より大型で、嘴は太めで長く湾曲する。遊泳時に脇に白色斑が出る。ベントストラップは一部の幼羽に見られる。成鳥生殖羽は頭上から後頸が暗灰色。成鳥非生殖羽・幼羽はチンストラップがない(p.42参照)。

41

▶ Column 02

オオハムと
シロエリオオハムの識別

● 頭部

　嘴／オオハムのほうが長く嘴峰が湾曲しているのに対し、シロエリオオハムは短く嘴峰は直線的に見える。**チンストラップ**／シロエリオオハム成鳥非生殖羽は喉に首輪状のチンストラップがあり、幼羽ではないかあっても不明瞭。オオハムは、成鳥・幼羽ともにチンストラップがない。**頬の白色部**／成鳥非生殖羽と幼羽の場合、オオハムの白色部は大きく、シロエリオオハムでは小さい。

オオハム(2月、千葉県)

シロエリオオハム(左：3月、千葉県、右：5月、茨城県)

● ベントストラップ

　下尾筒は飛翔時や羽づくろいのときに見られるので、ベントストラップの有無を確認したい。オオハムは成鳥・幼羽ともベントストラップがない個体が多いが、一部の幼羽に見られる。シロエリオオハムは成鳥・幼羽とも下尾筒に黒褐色のベントストラップがある。

オオハム(5月、青森県)

シロエリオオハム(5月、千葉県)

シロエリオオハムのベントストラップ

● 脇の白色部

　遊泳時には脇の白色斑の有無が識別点となるが、飛翔時はその形状に注目したい。オオハムのほうがより腰付近まで広がる。目立つ部位なので、遠くを飛ぶ個体の識別点として有効だ。

オオハム(3月、北海道)

シロエリオオハム(3月、千葉県)

アビ属

アビ

Red-throated Loon
Gavia stellata

アビ目アビ科

全56-68cm 開106-116cm 翼253-297mm（C）
嘴64-80mm 尾42-57mm 跗46-59mm 重988-2460g

| 繁殖 | 1 | 2 | 3 | 4 | 5 | 6 | 7 | 8 | 9 | 10 | 11 | 12 |
| 換羽 | 1 | 2 | 3 | 4 | 5 | 6 | 7 | 8 | 9 | 10 | 11 | 12 |

成鳥生殖羽に換羽中
2～4月に換羽する

嘴は上に反って見える

オオハム（右）は大型で、
頸の黒褐色が幅広い

前頸は赤褐色

成鳥生殖羽

成鳥非生殖羽

頭を下げた姿勢

ベントストラップがある

頬から頸は広く白色

成鳥非生殖羽

上面は黒褐色で、羽縁にハの字形の白斑が入る

褐色を帯び、羽縁は細長いV字形

頬から頸は汚白色

幼羽

分布：九州以北の沿岸、海上に非繁殖期に渡来する。

飛び方：ほかのアビ類より速い羽ばたきで飛ぶ。飛翔中に頸を上下させ、頭を上げる動作を頻繁に行う。頭から頸を下げ、背を丸めた姿勢をとる。

類似種
- **オオハム**（p.40）
- **シロエリオオハム**（p.41）

本種より大型で、嘴は直線的。成鳥非生殖羽は上面が一様な黒褐色で、後頸から側頸は幅広く黒褐色（上図）。幼羽は上面にうろこ模様が入る。

43

アビ目アビ科

アビ属	● ● ● ●

ハシグロアビ

Common Loon
Gavia immer

全69-91cm 開127-147cm 翼331-401mm（C）
跗77-103mm 尾70-100mm 嘴69-97mm
重2780-4480g

繁殖	1	2	3	4	5	6	7	8	9	10	11	12
換羽	1	2	3	4	5	6	7	8	9	10	11	12

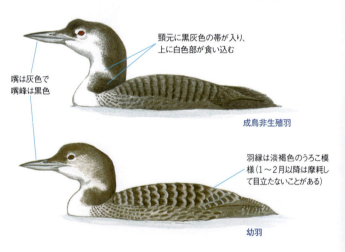

分布：日本近海では稀。北海道（稚内市2003年1～4月、2012年4月）と青森県（2016年3月）の記録がある。非繁殖期は沿岸、内湾、湖沼に生息する。

飛び方：アビやオオハムに比べやや遅い羽ばたきで力強く飛ぶ。

類似種

- **オオハム**（p.40）
  成鳥非生殖羽と幼羽の頸元には白色部の食い込みはない。

- **ハシジロアビ**（p.45）
  嘴は象牙色で上に反った形に見える。初列風切の羽軸は白色。成鳥非生殖羽と幼羽は全体的に淡褐色。

アビ属

ハシジロアビ

Yellow-billed Loon
Gavia adamsii

全76-91cm 開137-152cm 翼358-403mm（C）
嘴85-100mm 尾78-100mm 跗80-97mm
重4050-6400g

繁殖	1	2	3	4	5	6	7	8	9	10	11	12
換羽	1	2	3	4	5	6	7	8	9	10	11	12

成鳥生殖羽に換羽中
初列風切の羽軸は白色
成鳥非生殖羽
嘴は象牙色で大きい。嘴峰は直線的で、上に反って見える
頸は太く、腹は大きくふくらんだ形
頸は太く、弱い緑色光沢のある黒色
成鳥生殖羽

頭から頸にかけて淡褐色
成鳥非生殖羽
羽縁は淡褐色のうろこ模様（1〜2月以降は摩耗して目立たないことがある）
幼羽

分布：本州中部以北の沿岸、海上に非繁殖期に渡来する。北海道日本海側では比較的数が多い。

飛び方：ほかのアビ類より遅い羽ばたきで力強く飛ぶ。頸は太く、腹は船底形にふくらむ。翼はアーム部分が太く見える。

類似種
- **アビ**（p.43）
  本種より小型で嘴は細く短い。
- **ハシグロアビ**（p.44）
  嘴はまっすぐで成鳥生殖羽では黒色、成鳥非生殖羽と幼羽では灰色。初列風切の羽軸は黒褐色。成鳥非生殖羽と幼羽の頸元には黒灰色の帯が入る。

アビ目アビ科

45

ミズナギドリ目アホウドリ科

モリモーク属
マユグロアホウドリ

Black-browed Albatross
Thalassarche melanophris

全80-96cm 開210-250cm 翼490-560mm (U)
嘴76-89mm 尾202-236mm 跗105-123.8mm
重2840-4658g

繁殖 1 2 3 4 5 6 7 8 9 10 11 12
換羽 1 2 3 4 5 6 7 8 9 10 11 12

成鳥

尾羽はやや長く灰色を帯びる。足は突出しない

嘴は濁黄色で先端が黒色

成鳥

若鳥

背の黒褐色部は、翼後縁の位置で区切られる

下雨覆にさまざまな程度の黒褐色斑が入る

下雨覆は主に白色で、翼前縁に黒褐色の太い帯が入る

嘴は黄色で先端が橙赤色

成鳥

分布：南半球の海洋に広く分布し、北大西洋ではしばしば迷行記録がある。2020年9月に小笠原諸島聟島列島北之島沖の海上に記録がある。

飛び方：あまり羽ばたかずにダイナミックソアリングを行う。

類似種

● **コアホウドリ** (p.47)
本種より小型で、翼や嘴は細く華奢な体型。嘴の色はピンク色で先端が灰色。背の黒褐色部が腰に向かって突出する。

● **キャンベルアホウドリ**（未掲載）
本種に酷似し、幼羽では識別困難。成鳥は虹彩が淡色。

アホウドリ属

コアホウドリ

Laysan Albatross
Phoebastria immutabilis

全79-81cm 開195-203cm 翼460-513mm(C)
跗77-87mm 尾135-161mm 露94-113mm 重1.9-3.1kg

| 繁殖 | 1 | 2 | 3 | 4 | 5 | 6 | 7 | 8 | 9 | 10 | 11 | 12 |
| 換羽 | 1 | 2 | 3 | 4 | 5 | 6 | 7 | 8 | 9 | 10 | 11 | 12 |

ミズナギドリ目アホウドリ科

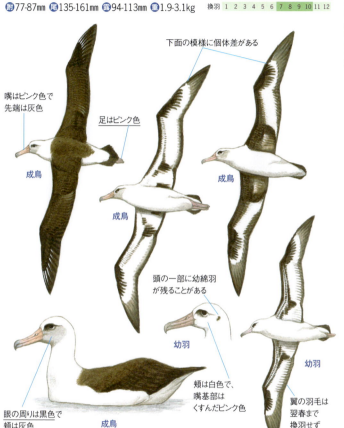

嘴はピンク色で先端は灰色
下面の模様に個体差がある
足はピンク色
成鳥
成鳥
成鳥
成鳥
頭の一部に幼綿羽が残ることがある
幼羽
幼羽
眼の周りは黒色で頬は灰色
頬は白色で、嘴基部はくすんだピンク色
翼の羽毛は翌春まで換羽せず整然とそろっている
成鳥

分布：本州中部以北の太平洋上で周年見られる。小笠原諸島聟島列島で少数繁殖する。

飛び方：あまり羽ばたかずにダイナミックソアリングを行う。風が弱いときは海面近くを羽ばたいて飛ぶ（ほかのアホウドリ類も同様）。

類似種
- **アホウドリ** (p.49)
  本種より大型で、若鳥は翼上面に白色の肘斑 (p.49参照) がある。成鳥は頭が黄色で翼下面はほぼ白色。
- **マユグロアホウドリ** (p.46)
  大型で成鳥の嘴は黄色から橙赤色。尾羽は灰色を帯びる。

ミズナギドリ目アホウドリ科

アホウドリ属
クロアシアホウドリ

Black-footed Albatross
Phoebastria nigripes

全 68-82cm　開 193-213cm　翼 481-536mm（C）
嘴 84-95mm　尾 132-153mm　跗 95-113mm　重 3.2-3.6kg

| 繁殖 | 1 | 2 | 3 | 4 | 5 | 6 | 7 | 8 | 9 | 10 | 11 | 12 |
| 換羽 | 1 | 2 | 3 | 4 | 5 | 6 | 7 | 8 | 9 | 10 | 11 | 12 |

嘴は黒褐色からピンク色を帯びた褐色

上尾筒・下尾筒は年齢に伴って白くなる個体もいる

足は黒色

成鳥

成鳥

嘴基部と眼の下の白色は不明瞭

上尾筒と下尾筒は体と同色

幼羽

肩羽や上雨覆の羽縁は褐色

翼上面・翼下面は一様に黒褐色

繁殖後の夏には摩耗が進み、頭部が淡褐色になる

成鳥淡色個体
嘴はピンク色に近く、頭は黄褐色。体下面に広く淡色

成鳥

嘴基部と眼の下は白色　　成鳥

分布：太平洋上に周年生息するが、北海道近海では冬には見られない。伊豆諸島鳥島と八丈小島、小笠原諸島聟島列島、尖閣諸島で繁殖する。コアホウドリより暖かい海域を好む。

飛び方：あまり羽ばたかずにダイナミックソアリングを行う。

類似種
● アホウドリ（p.49）
本種より大型で、嘴がピンク色。若鳥は翼上面に白色の肘斑がある。なお、本種の淡色個体（上図）は嘴の色や頭色が似ているため注意が必要。

アホウドリ属

アホウドリ

Short-tailed Albatross
Phoebastria albatrus

全 84-94cm 開 210-230cm 翼 518-593mm(C)
跗 90-103mm 尾 144-170mm 嘴 122-145mm 重 5-7kg

| 繁殖 | 1 | 2 | 3 | 4 | 5 | 6 | 7 | 8 | 9 | 10 | 11 | 12 |
| 換羽 | 1 | 2 | 3 | 4 | 5 | 6 | 7 | 8 | 9 | 10 | 11 | 12 |

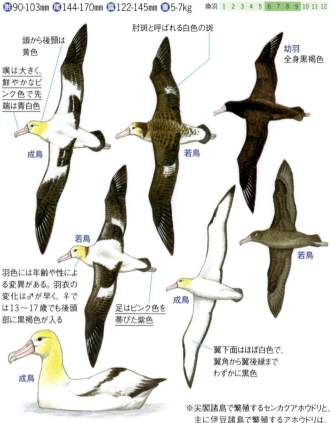

- 頭から後頸は黄色
- 嘴は大きく、鮮やかなピンク色で先端は青白色
- 成鳥
- 肘斑と呼ばれる白色の斑
- 若鳥
- 幼羽 全身黒褐色
- 若鳥
- 羽色には年齢や性による変異がある。羽衣の変化は♂が早く、♀では13〜17歳でも後頭部に黒褐色が入る
- 足はピンク色を帯びた紫色
- 成鳥
- 若鳥
- 翼下面はほぼ白色で、翼角から翼後縁までわずかに黒色
- 成鳥

※尖閣諸島で繁殖するセンカクアホウドリと、主に伊豆諸島で繁殖するアホウドリは、学名など分類学的な課題が検討中であるため一括して扱った(p.50参照)。

分布：太平洋上で周年見られ、伊豆諸島から本州近海では11〜5月、北海道から東北では5〜11月に出現。伊豆諸島鳥島、尖閣諸島、小笠原諸島聟島(再導入)で繁殖する。

飛び方：ほとんど羽ばたかずにダイナミックソアリングを行う。

類似種
- **クロアシアホウドリ** (p.48) 本種より小型で、嘴は黒褐色からピンク色を帯びた褐色。翼上面は一様に黒褐色。
- **ワタリアホウドリ** (p.51) 本種より大型で、成鳥から若鳥の頭部は白色。幼羽は顔から喉が白色。

▶ Column 03

アホウドリ類の識別

日本近海で普通に見られるアホウドリ、コアホウドリ、クロアシアホウドリは、上面・下面の羽色、嘴の色が分かれば識別は難しくない。アホウドリは決定羽を獲得するまでさまざまな羽色が見られるが、加齢とともに増える白色部とピンク色の大きな嘴が特徴的である。

コアホウドリ（3月、宮城県沖）　クロアシアホウドリ（8月、千葉県沖）　アホウドリ（5月、三宅島沖）

● アホウドリとクロアシアホウドリ - 幼羽の識別

巣立ち直後のアホウドリの嘴は暗色で、速やかにピンク色に変化する。クロアシアホウドリ幼羽の嘴は基本的に黒色だが、ピンク色を帯びた個体もいるため識別に注意を要する。クロアシアホウドリの嘴基部に白色部が出ていれば識別点となるが、欠く個体もいるため体のサイズなども含めて判断する。

クロアシアホウドリ幼羽（8月、千葉県沖）嘴がピンク色を帯びる　クロアシアホウドリ幼羽（8月、千葉県沖）嘴が黒色の個体　アホウドリ幼羽（6月、小笠原航路）NS 巣立ち間もない個体

● センカクアホウドリとアホウドリ

センカクアホウドリは小型で嘴が細い傾向があるが、羽色は酷似し野外で見分けるのは難しい。ただし、他のアホウドリ類と一緒にいて形態を比較できれば、識別可能な場合もある。

嘴が細くセンカクアホウドリと推定される（12月、宮城県沖）　センカクアホウドリ（矢印）とクロアシアホウドリ。ほぼ同大であることに注意（5月、岩手県沖）TH

センカクアホウドリとアホウドリ、クロアシアホウドリ（5月、岩手県沖）TH

ワタリアホウドリ属		Snowy Albatross
# ワタリアホウドリ		*Diomedea exulans*

全110-135cm 開250-350cm 翼602-665mm(F)
跗108.7-122mm 尾182-205mm 嘴135.5-156.7mm
体6-11kg

繁殖	1	2	3	4	5	6	7	8	9	10	11	12
換羽	1	2	3	4	5	6	7	8	9	10	11	12

※12〜1月に産卵し、巣立ちまで1年を要する。

ミズナギドリ目アホウドリ科

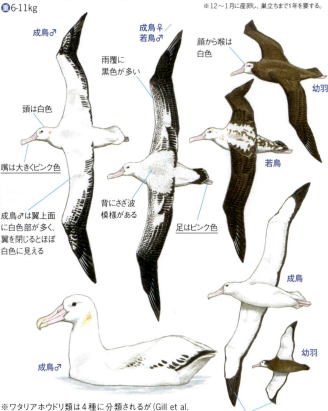

※ワタリアホウドリ類は4種に分類されるが(Gill et al. 2024)、国内の記録は種が未確定である。本書では Snowy Albatross (*D. exulans*) について解説した。

分布：南緯30度以南の海域に分布する。国内では1970年11月に尖閣諸島周辺で2羽が捕獲された1例のみ。

飛び方：ほとんど羽ばたかずにダイナミックソアリングを行う。翼の動きは緩慢。

類似種
- **アホウドリ** (p.49)
  本種より小型で、成鳥は頭から後頸が黄色を帯びる。
- **クロアシアホウドリ** (p.48)
  本種幼羽に似るがずっと小型で、翼下面は一様に黒褐色。

51

アシナガウミツバメ属

アシナガウミツバメ

Wilson's Storm Petrel
Oceanites oceanicus

全15-19cm 翼開長38-42cm 翼142-164mm(M)
嘴峰31.5-38mm 尾54.5-79mm 跗蹠10.3-15mm
重33-50g

繁殖	1	2	3	4	5	6	7	8	9	10	11	12
換羽	1	2	3	4	5	6	7	8	9	10	11	12

成鳥(換羽中)
5〜7月に日本近海に出現する成鳥は風切羽を換羽している個体が多い

尾から足が突出する
(引っ込めて見えないときもある)

成鳥(換羽中)

腰の白色は下面側まで及ぶ

足指を開くとみずかきは黄色

翼は鎌のような形でアームが短く翼角は尖らない

尾は短く、ごく浅い凹尾または角尾

腰の白色部は横長のU字形

広げると外側尾羽の基部は白色

幼羽
5〜6月に風切羽は摩耗しておらず濃い黒褐色

翼後縁は直線的

尾羽

分布:初夏から夏にかけて主に本州中部沖に、少数が北海道沖に渡来する。

飛び方:浅く速い羽ばたきに短い滑空を交えて飛ぶ様子はツバメ類に似る。足を水に垂らした状態で、翼を開いたまま小刻みに羽ばたき採食する。

類似種

● コシジロウミツバメ (p.58)
  クロコシジロウミツバメ (p.59)

本種よりやや大型で、翼は長く飛翔姿は翼角が尖ったM字形になる。凹尾で、足は尾から突出しない。飛び方の違いなどはp.61-62を参照。

| シロハラウミツバメ属 |

クロハラウミツバメ

Black-bellied Storm Petrel
Fregetta tropica

全19.5-21cm 開42-46cm 翼150-190mm(U)
跗37.5-45.5mm 尾65-84mm 嘴13.5-17.3mm
重43-63g

| 繁殖 | 1 | 2 | 3 | 4 | 5 | 6 | 7 | 8 | 9 | 10 | 11 | 12 |
| 換羽 | 1 | 2 | 3 | 4 | 5 | 6 | 7 | 8 | 9 | 10 | 11 | 12 |

※本種には *F. t. tropica* と *F. t. melanoleuca* の2亜種が知られ、国内で記録された亜種 *tropica* を図示した。亜種 *melanoleuca* の腹は白色で黒色帯がない。

尾から足がわずかに突出する

腹から脇、下雨覆の一部が白色

腹の中央に黒色の帯

腹の黒色帯は変異が大きく、細く不鮮明な個体もいる。見下ろす角度や横からは見えづらい

低空を飛びながら、垂らした足先で水面を切るようにしぶきを上げることがある

ミズナギドリ目アシナガウミツバメ科

分布：南半球に広く分布する。2023年9月に小笠原諸島父島沖で記録がある。

飛び方：アシナガウミツバメに似て羽ばたきと短い滑翔を交えて飛ぶ。片足で水面を切ってしぶきを上げる特徴的な飛び方をすることがある（上図）。

類似種

● アシナガウミツバメ (p.52)
上面の羽色はよく似るが、翼帯はより明瞭。体下面と下雨覆は黒褐色。

● ヒメアシナガウミツバメ (p.54)
小型で腰から尾が灰色。

53

ヒメアシナガウミツバメ属

ヒメアシナガウミツバメ

Grey-backed Storm Petrel
Garrodia nereis

全16-19cm 開39cm 翼124-140mm (M)
嘴27.4-35.6mm 尾55.4-72.4mm 跗11.6-15.4mm
重20.6-44g

| 繁殖 | 1 | 2 | 3 | 4 | 5 | 6 | 7 | 8 | 9 | 10 | 11 | 12 |
| 換羽 | 1 | 2 | 3 | 4 | 5 | 6 | 7 | 8 | 9 | 10 | 11 | 12 |

- 翼は鎌のような形
- 脇に黒褐色の縦斑をもつ個体もいる
- 足は尾から突出する
- 下雨覆は白色で、前縁に黒褐色の太い帯が入る
- 尾は角尾
- 中雨覆と大雨覆は灰色
- 腰から尾は灰色で尾先端に黒色帯

分布：2001年9月伊豆諸島鳥島近海で1羽が撮影されたのみ。

飛び方：速い羽ばたきとごく短時間の滑空を交えて、海面すれすれを直線的に飛ぶ。採食時は水面に足を垂らし、翼を広げたまま水面を走るように飛ぶ。

類似種
- ● アシナガウミツバメ (p.52)
  シルエットは似るが、腰にU字形の白色部があり、体下面は黒褐色。
- ● ハイイロウミツバメ (p.55)
  頭は灰色。切れ込みの深い凹尾で、足は突出しない。下雨覆は黒褐色。

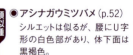

オーストンウミツバメ属

ハイイロウミツバメ

Fork-tailed Storm Petrel
Hydrobates furcatus

全22cm 開46cm 翼150-167mm (C) 跗26-29mm
尾82-100mm 嘴14-16.5mm 重49-79g

| 繁殖 | 1 | 2 | 3 | 4 | 5 | 6 | 7 | 8 | 9 | 10 | 11 | 12 |
| 換羽 | 1 | 2 | 3 | 4 | 5 | 6 | 7 | 8 | 9 | 10 | 11 | 12 |

- 摩耗した羽毛は褐色を帯びる
- 成鳥（換羽中）
- 下雨覆は黒褐色で白色の小斑が入る
- 体下面は灰色で下尾筒は淡色
- 頭は灰色で眼の周囲は黒色
- 切れ込みの深い凹尾
- 翼上面は灰色でM字マークが入る

分布：本州中部以北の海上に渡来する。北日本では夏にも見られる。

飛び方：やや速い羽ばたきに短い滑空を交え、水面付近をひらひらと飛ぶ。

類似種
● ハイイロヒレアシシギ (p.13)
距離があるときは識別に注意が必要。嘴はより細く基部が黄色。飛翔時は翼上面にM字マークはなく白色の翼帯が入る。下雨覆は白色。本種より羽ばたきは浅く、直線的に飛ぶ。

ミズナギドリ目ウミツバメ科

55

ミズナギドリ目ウミツバメ科

オーストンウミツバメ属

ヒメクロウミツバメ

Swinhoe's Storm Petrel
Hydrobates monorhis

全20cm 開45cm 翼146.5-158mm (C) 跗22.4-24.6mm
尾76.7-87mm 蹠13.8-15.4mm 重41-48g

繁殖	1	2	3	4	5	6	7	8	9	10	11	12
換羽	1	2	3	4	5	6	7	8	9	10	11	12

- 翼帯はやや暗色で、翼角に達しない傾向
- 頭部は灰色を帯びる
- 腰と背は黒褐色
- 浅い凹尾
- 初列風切基部の羽軸はわずかに褐色を帯びた白色
- 翼の先端は円みを帯びる

クロウミツバメ(左)とヒメクロウミツバメ(右)の比較

分布：京都府沓島、伊豆諸島恩馳島、八丈小島、岩手県三貫島、福岡県小屋島などで繁殖。春から秋に繁殖地周辺の海上に分布する。

飛び方：浅い羽ばたきに短い滑空を交えて飛ぶ。

類似種

● **クロウミツバメ**（p.57）
本種より大型で翼と尾が長く、頭部は小さく見える（上図）。初列風切の羽軸の白色部はより太く長めで、本数が多い傾向がある。翼帯は翼角に達する。尾の切れ込みは深い（p.61-63参照）。

56

クロウミツバメ

オーストンウミツバメ属

Matsudaira's Storm Petrel
Hydrobates matsudairae

ミズナギドリ目ウミツバメ科

全24-25cm 開56cm 翼178-194mm (U)
嘴25-29mm 尾98-100mm 跗17-19mm 重62g

| 繁殖 | 1 | 2 | 3 | 4 | 5 | 6 | 7 | 8 | 9 | 10 | 11 | 12 |
| 換羽 | 1 | 2 | 3 | 4 | 5 | 6 | 7 | 8 | 9 | 10 | 11 | 12 |

※推定される繁殖・換羽時期。

翼帯はやや暗色で翼角に達する傾向

頭部は黒褐色

尾は長く、先端の切れ込みが深い凹尾

初列風切基部の羽軸は白色でよく目立ち、遠距離では白斑に見える

分布：1〜8月まで小笠原諸島の海上に渡来し、南硫黄島で繁殖する。5〜7月には千葉県沖の太平洋上に定期的に出現する。

飛び方：ゆったりと力強く羽ばたき、しばしば長めの滑空を交えて飛ぶ。採食時以外は尾を閉じて飛ぶことが多い。

類似種
● ヒメクロウミツバメ (p.56)
本種より小型で、頭は大きく翼と尾は短い寸詰まりな体形に見える。初列風切の羽軸の白色部はわずかに褐色を帯び、細く短く本数も少ない傾向がある。尾の切れ込みは浅い。羽ばたきは浅く速い (p.61-63参照)。

ミズナギドリ目ウミツバメ科

オーストンウミツバメ属

コシジロウミツバメ

Leach's Storm Petrel
Hydrobates leucorhous

全19-22cm 開45-48cm 翼151-165mm (M)
嘴23.2-26.1mm 尾77.1-89.9mm 跗14.2-16.8mm
重40-49.5g

| 繁殖 | 1 | 2 | 3 | 4 | 5 | 6 | 7 | 8 | 9 | 10 | 11 | 12 |
| 換羽 | 1 | 2 | 3 | 4 | 5 | 6 | 7 | 8 | 9 | 10 | 11 | 12 |

成鳥(換羽中)
摩耗した羽毛は褐色を帯びる

摩耗によって褐色斑が目立たなくなることがある

腰の白色部はわずかに下面側に達する

体は褐色を帯びる

翼帯は明るく明瞭で、翼角に達する傾向

腰の白色部はV字形で、中央に不明瞭な褐色斑が入るが、幼鳥では目立たない個体がいる

尾は長く切れ込みが深い凹尾

翼は長く先端が尖る

分布:北海道東部の大黒島などに多く、三陸の日出島と三貫島で少数が繁殖。渡り時期には本州沖で観察され、台風通過後には陸地に迷入することもある。

飛び方:浅い羽ばたきに短い滑空を交える。急旋回をよく行い、せわしない様子で飛ぶ。

類似種 ● **クロコシジロウミツバメ** (p.59)
腰の白色部は横に広いU字形。白色部は下面側に広く及ぶが、本種でも広く見えることがある。尾の切れ込みは浅い。本種より体は暗色で、翼の先端は円みを帯びる(p.61-63参照)。

オーストンウミツバメ属

クロコシジロウミツバメ

Band-rumped Storm Petrel
Hydrobates castro

全19-21cm 開44-46cm 翼146-160mm (U)
附20.7-23.4mm 尾68.8-79mm 嘴14.2-16mm
重43-59g

| 繁殖 | 1 | 2 | 3 | 4 | 5 | 6 | 7 | 8 | 9 | 10 | 11 | 12 |
| 換羽 | 1 | 2 | 3 | 4 | 5 | 6 | 7 | 8 | 9 | 10 | 11 | 12 |

ミズナギドリ目ウミツバメ科

- 腰は白色で横に広いU字形
- 腰の白色部は下面側まで広く及ぶ
- 体は黒色を帯びる
- 尾は短く、浅い凹尾
- 翼帯は翼角に近いほど不明瞭になる
- 先端はやや円みを帯びる

分布：5〜10月ごろに東北の太平洋上に渡来し、三陸沿岸の無人島で繁殖する。

飛び方：アシナガウミツバメより遅い羽ばたきと長めの滑空を交えてゆったりと飛ぶ。ゆるやかな上昇・下降はしばしばミズナギドリ類の飛翔に似る。

類似種
- **コシジロウミツバメ** (p.58)
  白色の腰の中央に褐色斑が入るが、幼鳥は無斑の個体もいる。体が褐色を帯び、尾は深く切れ込む (p.61-63参照)。
- **アシナガウミツバメ** (p.52)
  尾の先端から足が突出する。翼は鎌のような形。

59

オーストンウミツバメ属

オーストンウミツバメ

Tristram's Storm Petrel
Hydrobates tristrami

- 全24-25cm 開56cm 翼172-192mm（C）
- 跗26.4-30.6mm 尾93-119mm 嘴16.8-19.5mm
- 重70-112g

繁殖	1	2	3	4	5	6	7	8	9	10	11	12
換羽	1	2	3	4	5	6	7	8	9	10	11	12

摩耗した羽衣（5〜6月）

初列風切の羽軸は黒色だが、退色により淡褐色に見えることもある

灰褐色の背に対し頭は黒色

腰は淡褐色

切れ込みが深い凹尾

翼は太く、先端が尖る

翼帯は明るい淡褐色で、翼角に達する

水面に降りた姿勢

分布：伊豆諸島祇苗島、八丈小島、鳥島と、小笠原諸島で繁殖し、10〜6月まで周辺海上に分布する。5〜6月は関東から東北の太平洋上に出現する。

飛び方：先の尖った大きな翼でゆったりと羽ばたき、長い滑空を交えて飛ぶ。

類似種
- ● ヒメクロウミツバメ (p.56)
  クロウミツバメ (p.57)
  初列風切基部の羽軸は白色。腰は背と同じ黒褐色。翼帯は本種より不明瞭 (p.61-63参照)。
- ● アナドリ (p.93)
  腰は背と同じ黒褐色。尾は長く楔形。本種より翼は細長い。

Column 04

ウミツバメ類の識別

　日本近海で見られるウミツバメ類のうち、体が黒褐色の6種について識別点を整理する。まずはサイズから大・中・小型のどれに該当するかを判断すると良い。距離が離れているときや比較対象がない場合は、飛び方に注意しよう。大型のオーストンウミツバメとクロウミツバメは長めの滑翔を交えゆったりした飛翔を行うのに対し、小型のアシナガウミツバメは羽ばたきを中心にひらひらと飛ぶ。中型の3種はその中間的な飛び方となる。

6種中最大級のクロウミツバメ(中央上)と最小のアシナガウミツバメ(6月、千葉県沖)SK

同定のためには、さらに以下のポイントを確認したい。

1. **腰の色**：腰に白色部がある場合は、その形状に加え下面側への広がり具合を確認。コシジロウミツバメ、クロコシジロウミツバメ、アシナガウミツバメの順で白色部が広く下面側に達する。腰が暗色の場合、ヒメクロウミツバメとクロウミツバメは背と腰が同色だがオーストンウミツバメは腰が淡色。
2. **尾の形状**：オーストンウミツバメ、コシジロウミツバメ、クロウミツバメは明瞭な凹尾で、ヒメクロウミツバメとクロコシジロウミツバメは切れ込みが浅い。アシナガウミツバメはわずかに凹む程度の角尾。
3. **翼の形**：オーストンウミツバメ、コシジロウミツバメ、クロウミツバメは翼が長く先端が尖る。クロコシジロウミツバメ、ヒメクロウミツバメの翼はやや短い。アシナガウミツバメの翼は短く鎌形。
4. **翼帯**：オーストンウミツバメとコシジロウミツバメは翼帯が明瞭。アシナガウミツバメは翼帯が短く、翼角の手前で途切れる。
5. **初列風切の羽軸**：クロウミツバメとヒメクロウミツバメは白色で、遠くからは白斑のように見える。
6. **足の突出**：飛翔時に尾から足が突出するのはアシナガウミツバメのみ。ただし足を引き込んで見えないときがあるので注意。

その他：アシナガウミツバメのみずかきは黄色で特徴的だが、条件が良くないと確認は難しい。

確認ポイント アシナガウミツバメ
(6月、千葉県沖)SK

アシナガウミツバメのみずかき
(6月、千葉県沖)SK

▶ Column 04

● 大型（翼開長56cm）

オーストンウミツバメ（5月、八丈島航路）SK
背に比べ腰が淡色である点に注意。尾の切れ込みは深い。翼は太く、翼の先は尖る。

クロウミツバメ（6月、千葉県沖）SK
初列風切の羽軸は白色。背と腰は同色。写真では尾を開いているため切れ込みが浅く見える。

● 中型（翼開長44-48cm）

クロコシジロウミツバメ（8月、青森県沖）TH
腰は白色で、尾は切れ込みの浅い凹尾。コシジロウミツバメに比べ翼は短め。体は黒褐色。

コシジロウミツバメ（8月、千葉県沖）SK
白色の腰の中央に不明瞭な褐色斑が入るためV字形に見える。クロコシジロウミツバメに比べ尾の切れ込みが深い。翼は長く先が尖る。体は褐色を帯びるが、光の条件が良くないとわかりにくい。

ヒメクロウミツバメ（7月、八丈島沖）TH
翼と尾が短く、クロウミツバメより寸詰まりの体形。翼帯は翼角まで達しないことが多い。

● 小型（翼開長38-42cm）

アシナガウミツバメ（6月、千葉県沖）SK
腰は白色で、尾は角尾に近い。足は明瞭に突出する。日本近海に出現する5〜7月は多くの成鳥が写真のように風切羽を換羽している。大雨覆は退色して淡色になる。

● ヒメクロウミツバメとクロウミツバメ

サイズの違いを除けば酷似しており、以下の点に注意して総合的に判断する（田野井 2021a）。ただし、体の角度やポーズのわずかな変化でプロポーションの印象は大きく変わり、光の条件によって羽色の見え方も変化することに注意が必要。

1. **頭部の形と色**：ヒメクロウミツバメは頭が大きめで胴体の太さとの差が小さく、頭が四角形に見える。クロウミツバメは頭が小さくて胴体に向かって太くなり、頭が三角形に近く見える。ヒメクロウミツバメの頭部は灰色を帯び、茶褐色の背とは色味が異なる。クロウミツバメの頭は背と同系統の黒褐色で、頭がより暗色に見える。

2. **尾の形**：クロウミツバメは先端が深く切れ込み、翼後縁からの尾の突出が大きい。両種とも尾を開くと形は変化し、すぼめると切れ込みは見えない。

3. **初列風切の羽軸基部**：白色の羽軸はクロウミツバメのほうが明瞭に見える傾向。白色の羽軸の数はヒメクロウミツバメ1〜7枚（4〜5枚が多い）に対し、クロウミツバメ2〜8枚（5〜6枚が多い）で重複が大きい。

4. **飛び方**：ヒメクロウミツバメはひらひらと方向を変えながら速いスピードで飛ぶ。クロウミツバメは長めの滑空を交えてゆったり飛ぶ傾向。

ヒメクロウミツバメ　　クロウミツバメ
（8月、京都府沖）TH　（7月、岩手県沖）TH

ヒメクロウミツバメ　　クロウミツバメ
（8月、京都府沖）TH　（6月、千葉県沖）SK

● クロコシジロウミツバメとコシジロウミツバメ

腰から尾羽にかけての部位は、以下の点に注目すると良い。

1. **上から見た腰の白色部**：クロコシジロウミツバメの横に広いU字型に対し、コシジロウミツバメは中央に不明瞭な褐色斑が入るV字型。ただし、摩耗した個体や幼羽の中には褐色斑が目立たない個体もいるので注意が必要。

2. **横から見た腰の白色部**：クロコシジロウミツバメは翼後端付近から垂直に深く入り込み、尾側に向かって幅が狭くなる。コシジロウミツバメは翼後端付近から浅く入り込み、尾側に向かって同じ幅もしくはわずかに幅が広くなる。

3. **尾羽の形状**：クロコシジロウミツバメのほうが切れ込みは浅い。写真は尾を開き気味のため角尾に見えている。

クロコシジロウミツバメ　コシジロウミツバメ
（10月、千葉県）　　　（9月、千葉県）

クロコシジロウミツバメ　コシジロウミツバメ

ミズナギドリ目ミズナギドリ科

フルマカモメ属

フルマカモメ

Northern Fulmar
Fulmarus glacialis

全45-50cm 開102-112cm 翼284-330mm（C）
跗47-55mm 尾100-132mm 嘴34-41mm 重445-787g

| 繁殖 | 1 | 2 | 3 | 4 | 5 | 6 | 7 | 8 | 9 | 10 | 11 | 12 |
| 換羽 | 1 | 2 | 3 | 4 | 5 | 6 | 7 | 8 | 9 | 10 | 11 | 12 |

換羽中

摩耗した羽毛は淡褐色

嘴は太く、管鼻が目立つ

初列風切基部は淡色、または白色斑となる

翼は太く先端は円みを帯びる

淡色型

暗色型

淡色型

暗色型

太めの体形

※全身灰褐色の暗色型、体や翼に白色部が入る淡色型がある。国内では暗色型が圧倒的に多い。

分布：北海道から本州中部の太平洋と日本海に周年生息する。道東では夏・秋に多く、関東付近では夏に見ることは少ない。

飛び方：力強く連続した羽ばたきと滑空を交えて飛ぶ。水面付近を低く飛び、強風時は高く上昇・降下をくり返す。

類似種
- ハジロミズナギドリ (p.66)
  翼下面の2か所に白色斑があり嘴周辺も白色。強風時の本種は飛び方が似るので注意。
- ハイイロミズナギドリ (p.80)
  ハシボソミズナギドリ (p.81)
  細めの体形で頭は小さい。翼は本種より細く先端が尖る。

セグロシロハラミズナギドリ属

セグロシロハラミズナギドリ

Tahiti Petrel
Pseudobulweria rostrata

全38-42cm 開101-108cm 翼278-309mm (C)
附45-50mm 尾107-120mm 嘴35-39mm 重315-506g

繁殖 1 2 3 4 5 6 7 8 9 10 11 12
換羽 1 2 3 4 5 6 7 8 9 10 11 12

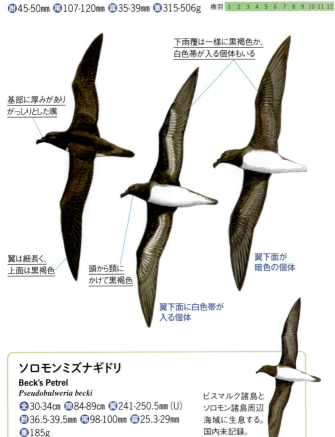

- 基部に厚みがありがっしりとした嘴
- 下雨覆は一様に黒褐色か、白色帯が入る個体もいる
- 翼は細長く、上面は黒褐色
- 頭から頸にかけて黒褐色
- 翼下面に白色帯が入る個体
- 翼下面が暗色の個体

ソロモンミズナギドリ

Beck's Petrel
Pseudobulweria becki

全30-34cm 開84-89cm 翼241-250.5mm (U)
附36.5-39.5mm 尾98-100mm 嘴25.3-29mm
重185g

ビスマルク諸島とソロモン諸島周辺海域に生息する。国内未記録。

分布：太平洋の熱帯〜亜熱帯海域に広く分布する。2021年5月伊豆諸島鳥島沖の記録のほか、2021年7月三宅島沖、2022年9月千葉県で観察された。

飛び方：長い翼で力強く羽ばたき、ゆったりとした滑翔を交える。翼の先端がわずかに反る。

類似種
●ソロモンミズナギドリ
やや小型で翼は細い。嘴は細めで基部が太い。下雨覆は黒褐色もしくは不明瞭な淡色帯が入るが、明瞭な白色帯にはならない（上図）。

ミズナギドリ目ミズナギドリ科

シロハラミズナギドリ属

ハジロミズナギドリ

Providence Petrel
Pterodroma solandri

全 40cm 開 95-105cm 翼 297-323mm (M)
嘴 38.7-45.0mm 尾 120-144mm 跗 30.1-38.3mm
重 414-600g

| 繁殖 | 1 | 2 | 3 | 4 | 5 | 6 | 7 | 8 | 9 | 10 | 11 | 12 |
| 換羽 | 1 | 2 | 3 | 4 | 5 | 6 | 7 | 8 | 9 | 10 | 11 | 12 |

換羽中

摩耗した羽衣

上面は褐色を帯び
M字マークは不明瞭

初列風切換羽中は
内弁の白色が目立つ

背と上雨覆は
灰色を帯び、
薄いM字マークが
入る

頭はフードをかぶ
ったような黒褐色

尾は広げると
楔形

摩耗した個体で
腹が淡色になる

嘴の周囲は
白色

前縁は黒褐色

翼下面の
2か所に白色斑

初列風切の羽軸
は黒褐色

頭部の羽色の変異

分布：6〜11月に小笠原諸島から北海道の太平洋上で見られ、8〜10月の北日本沖で記録が多い。冬期に伊豆諸島で観察例がある。

飛び方：滑空にやや深く力強い羽ばたきを交えて飛ぶ。スピードに乗って高く上昇と下降をくり返す。

類似種

● **ウスハジロミズナギドリ**
（p.67）
小型で嘴は細い。翼下面の斑は灰色を帯びてやや不明瞭。

● **カワリシロハラミズナギドリ**
（p.68）
翼は太く初列風切の羽軸は白色。翼下面前縁に白色の帯。

シロハラミズナギドリ属	● ● ● ●

ウスハジロミズナギドリ

Murphy's Petrel
Pterodroma ultima

全 34.5-37cm 開 89-97cm 翼 267-296mm（C）
跗 36-41mm 尾 104-123mm 嘴 28-32mm
重 335-445g

繁殖	1	2	3	4	5	6	7	8	9	10	11	12
換羽	1	2	3	4	5	6	7	8	9	10	11	12

- 嘴は細く小さい
- 小柄で細身の体型
- 嘴基部から喉にかけて白色
- 翼下面の2か所に銀灰色の斑

分布：太平洋東部に生息する。日本近海では極めて稀で、2020年5月に青森県沖の太平洋で記録されたのみ。

飛び方：ハジロミズナギドリより速い羽ばたきと、より急な旋回を交えた滑空をくり返して軽やかに飛ぶ。

類似種

● ハジロミズナギドリ（p.66）
大型で翼が長く幅広い。体はがっしりして太く、嘴は太く大きい。翼下面の2か所に白色斑がある。嘴基部周辺が白色で、喉側に偏らない。飛び方は力強く、羽ばたきはやや緩慢。

ミズナギドリ目ミズナギドリ科

シロハラミズナギドリ属

カワリシロハラミズナギドリ

Kermadec Petrel
Pterodroma neglecta

全37-40cm 開97-106cm 翼276-299mm (M)
嘴33.2-43.1mm 尾92.4-114mm 跗28-38.4mm
重370-590g

| 繁殖 | 1 | 2 | 3 | 4 | 5 | 6 | 7 | 8 | 9 | 10 | 11 | 12 |
| 換羽 | 1 | 2 | 3 | 4 | 5 | 6 | 7 | 8 | 9 | 10 | 11 | 12 |

換羽中

頭部がほとんど白色の個体もいる

淡色型

暗色型

暗色型では前縁の帯が不明瞭

初列風切換羽中は内弁の白色が目立つ

眼先は白色

淡色型

淡色型

前縁に白色の帯が出る傾向がある

太めの体形で尾は短い

初列風切の羽軸は白色だが目立たない個体もいる

翼下面の2か所に白色斑

※頭から体下面が灰白色の淡色型、同部位が黒褐色の暗色型、両者の中間的なさまざまな羽色が見られる。

分布：小笠原諸島から本州の東方沖の太平洋上で7〜10月に記録される。台風通過時に本州内陸に飛来することもある。

飛び方：滑空にやや深い羽ばたきを交えて力強く飛び、強風時にはスピードに乗って海面から高く上昇する。

類似種

● ハジロミズナギドリ (p.66)
本種より細めの体形で、翼は細い。翼上面に薄いM字マークが入る。初列風切の羽軸は黒褐色。翼下面前縁は黒褐色。嘴の周囲は白色。

● トウゾクカモメ類 (p.14-17)
海上を高く直線的に飛ぶ。

シロハラミズナギドリ属

ヘラルドシロハラミズナギドリ
Herald Petrel *Pterodroma heraldica*

全 34.5-37cm　開 90-97cm　翼 269-300mm (U)
跗 30.8-35.8mm　尾 96.4-114.4mm　嘴 24.9-28.7mm
重 237-320g

| 繁殖 | 1 | 2 | 3 | 4 | 5 | 6 | 7 | 8 | 9 | 10 | 11 | 12 |
| 換羽 | 1 | 2 | 3 | 4 | 5 | 6 | 7 | 8 | 9 | 10 | 11 | 12 |

※頭から体下面が灰白色の淡色型、同部位が黒褐色の暗色型がある。

淡色型でも頭部が白色になることはない

淡色型　暗色型

2つの斑が不明瞭な個体もいる

眼先は白色

淡色型　淡色型

前縁に白色の帯

翼下面の2か所に白色斑

初列風切の羽軸は黒褐色

分布：極めて稀。本州の東方沖の太平洋上で観察例があるのみ。

飛び方：滑空に時折軽やかな浅い羽ばたきを交えて飛ぶ。強風時には高く上昇する。

類似種
- ● ハジロミズナギドリ (p.66)
  本種より大型で、翼下面前縁は黒褐色。嘴の周囲は白色。
- ● カワリシロハラミズナギドリ (p.68)
  本種より大型で、体と翼は太く尾は短い。初列風切の羽軸は白色。

ミズナギドリ目ミズナギドリ科

69

シロハラミズナギドリ属

クビワオオシロハラミズナギドリ White-necked Petrel
Pterodroma cervicalis

全43cm **開**100cm **翼**303-322.5mm（M）
跗36.7-46mm **尾**121.4-142mm **嘴**34.5-38.5mm
重380-545g

繁殖	1	2	3	4	5	6	7	8	9	10	11	12
換羽	1	2	3	4	5	6	7	8	9	10	11	12

換羽中
大雨覆が脱落すると、次列風切基部が白色の帯になる

頭と背の間は白色の帯で区切られる

眼の周囲、頭上から後頭は黒褐色

翼角の黒色斑は長く伸びる。翼前縁にも黒色斑

初列風切は白色部が多い傾向だが、黒色部が多い個体もいる

初列風切に白色部が多い個体

初列風切に黒色部が多い個体

※クビワオオシロハラミズナギドリとバヌアツシロハラミズナギドリは酷似している上に個体差が非常に大きいので、確実な野外識別は困難。

分布：夏から秋に小笠原諸島から伊豆諸島の海上で観察される。台風通過時に本州で記録されることもある。

飛び方：滑らかな滑空に短い羽ばたきを交えて飛ぶ。強風時はより高く上昇する。

類似種

- バヌアツシロハラミズナギドリ（p.71）
やや小型で翼下面前縁の黒色斑は太く、初列風切下面は黒色の範囲が広い傾向。
- オオシロハラミズナギドリ（p.72）
頭上から背にかけて灰色。翼角の黒色斑は小さい。

| シロハラミズナギドリ属 |

バヌアツシロハラミズナギドリ

Vanuatu Petrel
Pterodroma occulta

ミズナギドリ目ミズナギドリ科

全35-41cm 開82-103cm 翼282-295mm (U)
跗35-38.8mm 尾118-132.5mm 嘴31.9-33.9mm
重300-350g

繁殖 1 2 3 4 5 6 7 8 9 10 11 12
※推定される繁殖期。換羽の時期は不明。

頭と背の間は白色の帯で区切られる

初列風切は黒色部が多く暗色な傾向だが、白色部が多い個体もいる

前縁の黒色斑は白色部が少ない傾向

初列風切に黒色部が多い個体

クビワオオシロハラミズナギドリよりわずかに小さい嘴

クビワオオシロハラミズナギドリより細めの体で、翼後縁から尾先端の突出は細長く見える

初列風切に白色部が多い個体
本種の9％に見られる。クビワオオシロハラミズナギドリでは上イラストと同程度かより白色部が多い個体が71％を占める

分布：南太平洋バヌアツのバンクス諸島バヌア・ラバ島で繁殖する。2022年7月に東京都で保護された1例のほか、小笠原諸島近海で本種とみられる観察例がある。
飛び方：滑らかな滑空に短い羽ばたきを交えて飛ぶ。

類似種
● **クビワオオシロハラミズナギドリ (p.70)**
やや大型で体と嘴はわずかに太く、翼の後縁から尾までの突出は短め。翼下面前縁の黒色斑は白色部が多く、途中で途切れる傾向がある。いずれの特徴も両種で重複するため、識別には注意が必要。

71

ミズナギドリ目ミズナギドリ科

シロハラミズナギドリ属

オオシロハラミズナギドリ

Juan Fernandez Petrel
Pterodroma externa

全42-45cm 開103-114cm 翼315-324mm (M)
跗33.1-46mm 尾121-143.1mm 嘴34.4-41.1mm
重310-555g

| 繁殖 | 1 | 2 | 3 | 4 | 5 | 6 | 7 | 8 | 9 | 10 | 11 | 12 |
| 換羽 | 1 | 2 | 3 | 4 | 5 | 6 | 7 | 8 | 9 | 10 | 11 | 12 |

頭上まで黒色に見える個体もいる

後頸が不明瞭に白く、首輪状になる個体もいる

摩耗した羽衣
翼上面は褐色を帯び、M字マークは不明瞭になる

頭上から背にかけて灰色

翼下面の大部分が白色

翼角に小さい黒色斑

分布：日本近海では稀で、夏から秋に小笠原諸島から伊豆諸島の海上で観察例がある。8〜9月に本州で保護された記録がある。

飛び方：滑らかな滑空に短い羽ばたきを交えて飛ぶ。強風時はより高く上昇する。

類似種
● クビワオオシロハラミズナギドリ (p.70)
頭上から後頭は黒褐色で、頭と背の間が白色の帯で区切られる。翼角の黒色斑は長く伸びる。

シロハラミズナギドリ属

ハワイシロハラミズナギドリ
Hawaiian Petrel
Pterodroma sandwichensis

全37.5-40cm 開94-104cm 翼293.8-305.3mm（C）
跗35.2-38.9mm 尾125-142mm 嘴30.6-33.4mm
重355-540g

| 繁殖 | 1 | 2 | 3 | 4 | 5 | 6 | 7 | 8 | 9 | 10 | 11 | 12 |
| 換羽 | 1 | 2 | 3 | 4 | 5 | 6 | 7 | 8 | 9 | 10 | 11 | 12 |

脇が灰色の個体
一部の個体に見られ、灰色部の範囲や濃さに個体差がある

細めの体形で翼は細く長い

頭上から頬はフードをかぶったような黒色

頬と頸の境界に白色部が食い込み段差になる

黒色斑は太く目立つ

翼上面は暗色でM字マークは不明瞭

ガラパゴスシロハラミズナギドリ
Galapagos Petrel
Pterodroma phaeopygia

全39.5-42cm 開99-110cm 翼310-318mm（F）
跗37.3-38.3mm 尾130-155mm 嘴25-30mm
重309-515g

太平洋東部のガラパゴス諸島で繁殖する。国内未記録。

分布：日本近海では稀。1976年9月岩手県滝沢村（保護後死亡）と2015年7月伊豆諸島八丈島近海の観察記録のほか、小笠原諸島で数回の観察例がある。

飛び方：滑らかな滑空に短い羽ばたきを交えて機敏に飛ぶ。強風時はより高く上昇する。

類似種
- ●**ガラパゴスシロハラミズナギドリ**（上図）
頭と頸の暗色部は本種より広く、腋羽に灰黒色の小斑がある。
- ●**ハグロシロハラミズナギドリ**（p.74）
本種より小型で翼上面は淡く、M字マークが明瞭。

ミズナギドリ目ミズナギドリ科

73

シロハラミズナギドリ属

ハグロシロハラミズナギドリ
Black-winged Petrel
Pterodroma nigripennis

全30.5-33cm 開73-79cm 翼215-236.5mm (M)
嘴29.1-33.2mm 尾94.1-108mm 跗21.2-29.2mm
重100-228g

繁殖 1 2 3 4 5 6 7 8 9 10 11 12
換羽 1 2 3 4 5 6 7 8 9 10 11 12

後頸が不明瞭に白く、首輪状になる個体もいる

摩耗した羽衣
翼上面は褐色を帯び、M字マークは不明瞭になる

黒色斑は長く太い

眼の周囲は黒色、頭上は淡灰色でコントラストがある

眉斑は白色で細い

頭上から背は一様な淡灰色

尾羽の先端は黒褐色

分布：夏から秋に小笠原諸島から日本の東方沖の太平洋上に出現する。北海道、和歌山、小笠原航路で記録がある。

飛び方：弱風時は速い羽ばたきに滑空を交え軽やかに飛ぶ。強風時は急上昇・急旋回を交え機敏に飛ぶ。

類似種
● ハワイシロハラミズナギドリ（p.73）
本種より大型。頭上から頬にフードをかぶったような黒色。翼上面は暗色で、M字マークは不明瞭。

シロハラミズナギドリ属
シロハラミズナギドリ
Bonin Petrel
Pterodroma hypoleuca

全29-31.5cm 開72-78cm 翼211-246.5mm(M)
跗27.4-34mm 尾98-121.5mm 嘴23.4-27.7mm
重152-308g

繁殖	1	2	3	4	5	6	7	8	9	10	11	12
換羽	1	2	3	4	5	6	7	8	9	10	11	12

摩耗した羽衣
翼上面は褐色を帯び、M字マークは不明瞭になる

換羽中
下部初列大雨覆の一部が抜けた状態はハグロシロハラミズナギドリに似る

頭上は黒色で背は灰色

初列風切から次列風切の基部まで暗灰色

尾羽全体が黒褐色

黒色斑は太く明瞭で、翼角から翼先端側に大きな三角形の斑となる

分布：3〜11月に小笠原諸島周辺の海上に出現し、聟島列島北之島と硫黄列島南硫黄島で繁殖。7〜8月は本州東方まで分布する。

飛び方：弱風時は速い羽ばたきに滑空を交え軽やかに飛ぶ。強風時は急上昇・急旋回を交え機敏に飛ぶ。

類似種 ● ハグロシロハラミズナギドリ（p.74）
頭上から背は一様な淡灰色。下雨覆の黒色斑に三角形の部分はない。なお、本種が下部初列大雨覆を換羽中、一時的に似た模様になるため（上図）、換羽状況に注意が必要。

ハジロシロハラミズナギドリ

シロハラミズナギドリ属

Cook's Petrel
Pterodroma cookii

- 全 30.5-34cm
- 開 76-82cm
- 翼 223-245mm (M)
- 跗 27.9-32mm
- 尾 82-95mm
- 嘴 24.4-29.9mm
- 重 112-250g

| 繁殖 | 1 | 2 | 3 | 4 | 5 | 6 | 7 | 8 | 9 | 10 | 11 | 12 |
| 換羽 | 1 | 2 | 3 | 4 | 5 | 6 | 7 | 8 | 9 | 10 | 11 | 12 |

- 頭上が暗色になる個体もいる
- **摩耗した羽衣** 翼上面は褐色を帯び、M字マークは不明瞭になる
- 黒色斑は細く、翼前縁にも小斑が入る
- 細めの体形で頸は長い
- 頭上は背と同じ灰褐色
- 眉斑は白色
- 嘴は細長く直線的
- 尾羽の先端は黒褐色
- 翼は細い

分布：日本近海では稀。2008年4月に宮城県で保護されたほか小笠原航路で観察例がある。

飛び方：弱風時は速い羽ばたきに滑空を交えて低く飛ぶ。強風時は急上昇・急旋回を交え機敏に飛ぶ。

類似種

- ● ハグロシロハラミズナギドリ (p.74)
  下雨覆の黒色斑は太く長い。本種より嘴は太短く、頸も短い。
- ● ウスヒメシロハラミズナギドリ (p.106)
  眉斑はわずかに切れ込む程度。本種より嘴は小さく頸は短い。

シロハラミズナギドリ属

ヒメシロハラミズナギドリ

Stejneger's Petrel
Pterodroma longirostris

- 全 29-31.5cm　開 70-76cm　翼 198-220mm (M)
- 嘴 26.3-30.1mm　尾 97-107mm　跗 22.8-25.8mm
- 重 114-167g

| 繁殖 | 1 | 2 | 3 | 4 | 5 | 6 | 7 | 8 | 9 | 10 | 11 | 12 |
| 換羽 | 1 | 2 | 3 | 4 | 5 | 6 | 7 | 8 | 9 | 10 | 11 | 12 |

換羽中（8月）

尾羽が伸長中の状態

翼角に小さい黒色斑。翼前縁にも小斑が入る

頭は黒く背は灰褐色

頬に白色部が食い込む

尾羽全体が黒褐色

分布：6～11月に、日本の東方沖の太平洋上に分布する。国内では8～9月に本州太平洋側の記録が多い。

飛び方：弱風時は速い羽ばたきに滑空を交えて低く飛ぶ。強風時は急上昇・急旋回を交え機敏に飛ぶ。

類似種

- ハジロシロハラミズナギドリ（p.76）
  頭上は背と同じ灰褐色。本種より嘴は細長く、頸が長い。
- シロハラミズナギドリ（p.75）
  下雨覆の黒色斑は太く明瞭。翼下面は初列風切から次列風切の基部まで暗灰色。

ミズナギドリ目ミズナギドリ科

77

シロハラミズナギドリ属

マダラシロハラミズナギドリ

Mottled Petrel
Pterodroma inexpectata

全 32-36cm 開 84-92cm 翼 243-270mm (C)
嘴 33-38mm 尾 93-111mm 跗 25-29mm 重 205-441g

| 繁殖 | 1 | 2 | 3 | 4 | 5 | 6 | 7 | 8 | 9 | 10 | 11 | 12 |
| 換羽 | 1 | 2 | 3 | 4 | 5 | 6 | 7 | 8 | 9 | 10 | 11 | 12 |

換羽中（7月）

初列風切の換羽が進行中

腹から脇は灰褐色

太くて丸みのある体形

下雨覆の黒色斑は太く目立つ

分布：1986年6月広島県（保護）、2011年6月三重県（死体回収）のほか、北海道から伊豆諸島の海域で観察記録がある。

飛び方：スピードに乗った滑空に時々羽ばたきを交え力強く飛ぶ。強風時には、急上昇と降下をくり返す。

● **小型シロハラミズナギドリ類**（p.74-77）
体下面が灰褐色の小型シロハラミズナギドリ類は、国内では本種のみ。太くて丸みのある体形も本種の特徴。

アカアシミズナギドリ

ハシボソミズナギドリ属

Flesh-footed Shearwater
Ardenna carneipes

- 全46-48cm 開110-120cm 翼308-334mm（C）
- 嘴52-58mm 尾108-122mm 跗39-45mm 重533-750g

| 繁殖 | 1 | 2 | 3 | 4 | 5 | 6 | 7 | 8 | 9 | 10 | 11 | 12 |
| 換羽 | 1 | 2 | 3 | 4 | 5 | 6 | 7 | 8 | 9 | 10 | 11 | 12 |

ウミネコ幼羽（右）との比較
上尾筒・下尾筒は白色
顔は白色
換羽中
体下面・翼下面は黒褐色
額は丸みを帯びる
太めの体形
嘴は太くピンク色で、先端は黒色
尾は短い
足はピンク色
翼は太く先端は円みを帯びる

分布：春から夏に本州太平洋側から北海道で多く、日本海にも飛来する。秋から冬は減少するが、日本近海で周年見られる。

飛び方：オオミズナギドリに似たゆっくりと力強い羽ばたきに、長めの滑翔を交えて飛ぶ。

類似種
- ● ハイイロミズナギドリ（p.80）
  ハシボソミズナギドリ（p.81）
  下雨覆はハイイロミズナギドリでは白色、ハシボソミズナギドリでは灰色（p.82-83参照）。
- ● ウミネコ幼鳥
  額から喉、下腹、下尾筒と上尾筒は白色（上図）。

ミズナギドリ目ミズナギドリ科

ハシボソミズナギドリ属	● ● ● ●

ハイイロミズナギドリ

Sooty Shearwater
Ardenna grisea

全40-46cm 開94-105cm 翼260-308mm（M）
跗50-66.5mm 尾80-101mm 嘴37.6-47mm
重327-978g

繁殖	1	2	3	4	5	6	7	8	9	10	11	12
換羽	1	2	3	4	5	6	7	8	9	10	11	12

成鳥
翼下面の羽色に個体差がある
下雨覆は白色で軸斑は明瞭
額の輪郭はなだらか
頸はやや長い
嘴は暗灰色で太く長い
胴は太い
足は暗灰色でピンク色を帯びることもある
足先は尾と同長か少し突出する
ハンド前縁は直線的で先端が尖る
春に出現する幼羽には羽毛の摩耗や換羽が見られない
大雨覆が脱落すると次列風切基部が白い帯になる
成鳥（換羽中）
幼羽

分布：4～10月に本州中部から北海道の太平洋上に多く、道東の海域で11月まで見られる。冬の個体数は少ない。

飛び方：やや深めの羽ばたきに滑空を交えて力強く飛ぶ。羽ばたくときに翼はやわらかくしなる。

類似種

● ハシボソミズナギドリ（p.81）
本種より小型で頸が短い。嘴は短く額は盛り上がる。ハンドは円みを帯びる。下雨覆は灰色だが個体差があり、白色が強い個体もいる。幼羽は体が細く、尾が長く見える（p.82-83参照）。

ハシボソミズナギドリ属
ハシボソミズナギドリ

Short-tailed Shearwater
Ardenna tenuirostris

- 全 40-45cm
- 開 95-100cm
- 翼 261-288mm (M)
- 嘴 49.1-55.9mm
- 尾 74-91mm
- 跗 29.1-35.2mm
- 重 355-800g

繁殖	1	2	3	4	5	6	7	8	9	10	11	12
換羽	1	2	3	4	5	6	7	8	9	10	11	12

成鳥／額は盛り上がる／嘴は暗灰色で細く短い／ハンドは円みを帯びる／成鳥（換羽中）／下雨覆が脱落するとハイイロミズナギドリのように白色に見える／成鳥／下雨覆は灰色で軸斑は目立たない／頸は短い／足先は尾と同長か少し突出する／成鳥（換羽中）／翼下面の羽色に個体差がある／足は暗灰色でピンク色を帯びることもある／春に出現する幼羽には羽毛の摩耗や換羽は見られない／幼羽／細めの体形で尾が長く見える

分布：4〜6月に太平洋沿岸を北上し、夏から秋に北海道東部沖で見られる。数百羽の群れになることもある。冬の個体数は少ない。

飛び方：やや深く速い羽ばたきに滑空を交えて飛ぶ。飛び方は軽いが、強風時は高く上昇と下降をくり返す。

類似種
- **ハイイロミズナギドリ**（p.80）
  本種より大型で、嘴は長く額はなだらか。下雨覆は白色（p.82-83参照）。
- **アカアシミズナギドリ**（p.79）
  本種より大型で太めの体形。翼は太く翼下面は黒褐色。嘴は太くピンク色で先端が黒色。

▶ Column 05

暗色ミズナギドリ類の識別

● 飛翔時

体下面が白くない"暗色ミズナギドリ"のうちハシボソミズナギドリ、ハイイロミズナギドリ、アカアシミズナギドリは太平洋側の航路や道東の海域などで一緒に見る機会が多い。

		ハシボソミズナギドリ	ハイイロミズナギドリ	アカアシミズナギドリ
1	嘴の形	短く細い	ハシボソミズナギドリより長く太い	顕著に太い
1	嘴の色	灰色	灰色	ピンク色で先端が黒色
2	頭の形	額は盛り上がる	額はなだらか	額は盛り上がる
3	体の色	灰褐色	灰褐色	黒褐色
4	下雨覆	灰色	白色を帯びる	黒褐色

ハシボソミズナギドリ　　　　ハイイロミズナギドリ　　　　アカアシミズナギドリ
(5月、青森県沖)　　　　　　(6月、千葉県沖)　　　　　　(4月、岩手県沖)

● ハシボソミズナギドリとハイイロミズナギドリの翼下面の比較

下雨覆の羽色の違いは、飛翔時の重要な識別点になる。ただし、両種とも個体差があり、白色部の多いハシボソミズナギドリ、灰色を帯びたハイイロミズナギドリがいる。

ハシボソミズナギドリ
> 下雨覆は灰色を帯び、翼下面全体が灰褐色に見える

ハイイロミズナギドリ
> 下雨覆は白色で風切とのコントラストが強く、軸斑が明瞭

(5月、千葉県)

下雨覆の白色部が多い　　　　下雨覆が灰色を帯び、白色部が見られな
ハシボソミズナギドリ(5月、千葉県)　　いハイイロミズナギドリ(6月、千葉県沖)

● 翼の形

　ハイイロミズナギドリは羽ばたきの際に翼がしなやかにたわみ、滑翔時にも翼端あるいは翼全体が反り上がって見えることが多い。ハシボソミズナギドリやアカアシミズナギドリにもたわみが見られるが、翼は比較的まっすぐに保たれる傾向がある。

ハイイロミズナギドリの湾曲した翼
（5月、岩手県沖）

ハシボソミズナギドリ（5月、岩手県沖）

● 飛び方の違い

　飛び方は状況によって変化するが、アカアシミズナギドリはパタパタと緩慢な羽ばたきの後に、長い滑空を行う。ハイイロミズナギドリは翼を深く鋭く羽ばたかせた後に、短めの滑空を交えることが多い。ハシボソミズナギドリも深く鋭い羽ばたきだが、滑空は比較的長い傾向。

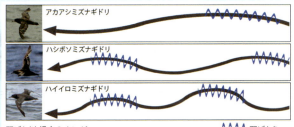

羽ばたきと滑空のイメージ　　　WWW 羽ばたき

● 遊泳時

　嘴の形や色、額の盛り上がりのほかに、頭の形、頸の長さに違いが見られる。額の形は見る角度によって変化し、ハイイロミズナギドリでも盛り上がって見えることがあるので注意が必要。

ハシボソミズナギドリ
（5月、千葉県沖）

ハイイロミズナギドリ
（6月、千葉県沖）

アカアシミズナギドリ
（6月、千葉県沖）

ハシボソミズナギドリ属

シロハラアカアシミズナギドリ Pink-footed Shearwater
Ardenna creatopus

全46-48cm 開110-117cm 翼319-345mm (C)
附51-58mm 尾106-124mm 露40-46mm 重576-879g

繁殖 1 2 3 4 5 6 7 8 9 10 11 12
換羽 1 2 3 4 5 6 7 8 9 10 11 12

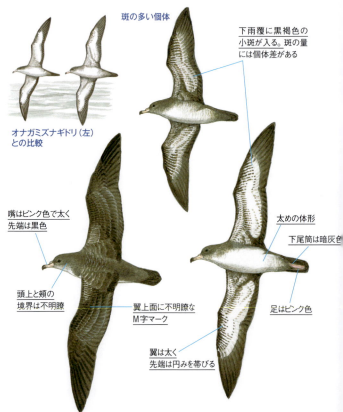

斑の多い個体

下雨覆に黒褐色の小斑が入る。斑の量には個体差がある

オナガミズナギドリ（左）との比較

嘴はピンク色で太く先端は黒色

頭上と頬の境界は不明瞭

翼上面に不明瞭なM字マーク

太めの体形

下尾筒は暗灰色

足はピンク色

翼は太く先端は円みを帯びる

分布：千葉県銚子沖（2008年6月）の記録があるのみ。
飛び方：ゆるやかで深い羽ばたきに滑翔を交えて飛ぶ。

類似種
- **オナガミズナギドリ淡色型** (p.86)
  本種より嘴は細く、細めの体形。尾は長い（上図）。
- **オオミズナギドリ** (p.87)
  本種より細めの体形で翼は細い。頭部は白色に茶褐色の小斑点が入る。下尾筒は白色。

ハシボソミズナギドリ属

ミナミオナガミズナギドリ

Buller's Shearwater
Ardenna bulleri

全46-47cm 開97-99cm 翼285-309mm(F) 跗48-54mm
尾117-138mm 嘴37.7-53mm 重278-499g

繁殖	1	2	3	4	5	6	7	8	9	10	11	12
換羽	1	2	3	4	5	6	7	8	9	10	11	12

ミズナギドリ目ミズナギドリ科

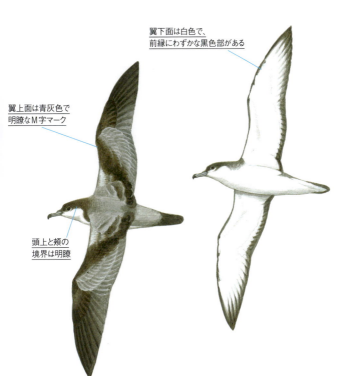

翼上面は青灰色で明瞭なM字マーク

翼下面は白色で、前縁にわずかな黒色部がある

頭上と頬の境界は明瞭

分布：6月および8〜11月に北海道から北日本の太平洋側で観察される。

飛び方：やわらかな浅い羽ばたきに滑翔を交えて飛ぶ。飛翔時の上昇・下降はゆるやか。強風時はやや高く上昇する。

類似種
- ●オナガミズナギドリ（p.86）
  頭上と頬は境界が不明瞭。翼下面の前縁は黒褐色に縁取られる。下尾筒は暗灰色。
- ●オオミズナギドリ（p.87）
  頭部は白色に茶褐色の小斑が入る。下雨覆に黒褐色の縦斑。羽ばたきはゆったりしている。

85

ミズナギドリ目ミズナギドリ科

ハシボソミズナギドリ属
オナガミズナギドリ
Wedge-tailed Shearwater
Ardenna pacifica

全 38-46cm **開** 97-105cm **翼** 280-324mm（M）
嘴 45.6-54.2mm **尾** 120-149mm **跗** 34.8-49.1mm
重 300-568g

| 繁殖 | 1 | 2 | 3 | 4 | 5 | 6 | 7 | 8 | 9 | 10 | 11 | 12 |
| 換羽 | 1 | 2 | 3 | 4 | 5 | 6 | 7 | 8 | 9 | 10 | 11 | 12 |

暗色型
小笠原諸島周辺では少ないが、琉球諸島では多く記録される

下雨覆は黒褐色

尾は初列風切先端を越える

尾は長く、開くと楔形

淡色型

淡色型

翼は細い

眼先から背にかけて黒褐色

頭上と頬の境界は不明瞭

細めの体形

嘴は灰褐色からピンク色で、先端は暗灰色

下尾筒は暗灰色

翼下面の前縁に黒褐色の縁取り

※下面が白色の淡色型、全身黒褐色の暗色型がある。淡色型に翼・体下面の灰色が強い個体もいる。

分布：小笠原諸島聟島列島から硫黄列島までの島嶼と伊豆諸島鳥島で繁殖し、3〜12月に見られる。琉球諸島の周辺海域にも春から秋に定期的に渡来する。

飛び方：やや浅いふわふわした羽ばたきに滑空を交えてゆるやかに飛ぶ。

類似種
- **オオミズナギドリ** (p.87)
本種より大型で、体は太く尾が短い。頭部に茶褐色の小斑が散在する。下雨覆に黒褐色の縦斑が入る。
- **アカアシミズナギドリ** (p.79)
翼は太く尾は短い。全身が黒褐色で本種より暗色。

オオミズナギドリ属
オオミズナギドリ

Streaked Shearwater
Calonectris leucomelas

- 全 45-52cm 開 103-113cm 翼 293-324mm（F）
- 跗 45.4-56.9mm 尾 132-137mm 嘴 41.1-54.4mm
- 重 348-750g

| 繁殖 | 1 | 2 | 3 | 4 | 5 | 6 | 7 | 8 | 9 | 10 | 11 | 12 |
| 換羽 | 1 | 2 | 3 | 4 | 5 | 6 | 7 | 8 | 9 | 10 | 11 | 12 |

ミズナギドリ目ミズナギドリ科

背を換羽中
新羽は灰色で羽縁が白色

尾は初列風切先端と同程度の長さ

頭部は白色に茶褐色の小斑が入る。斑の量には個体差がある

上面は茶褐色で不明瞭なM字マークが入る。幼羽や換羽直後の成鳥では明瞭になる

下尾筒は白色

下雨覆に黒褐色の縦斑

分布：日本近海で周年見られ個体数も多く、北海道から八重山諸島までの島嶼で繁殖する。12〜2月の個体数は少ない。

飛び方：弱風時は深くゆるやかな羽ばたきに滑翔を交えて、ゆったり飛ぶ。強風時は高く上昇・下降することもある。

類似種
● オナガミズナギドリ淡色型 (p.86)
本種よりやや小型で細めの体形。尾は長い。眼先から背にかけて黒褐色。下尾筒は暗灰色。下雨覆に縦斑はなく、前縁が黒褐色に縁取られる。

マンクスミズナギドリ属
オガサワラヒメミズナギドリ

Bryan's Shearwater
Puffinus bryani

全27-30cm 開55-60cm 翼171-179mm(F)
嘴33-37mm 尾71-82.5mm 跗25.2-29.6mm 重130-168g

| 繁殖 | 1 | 2 | 3 | 4 | 5 | 6 | 7 | 8 | 9 | 10 | 11 | 12 |
| 換羽 | 1 | 2 | 3 | 4 | 5 | 6 | 7 | 8 | 9 | 10 | 11 | 12 |

※推定される換羽・繁殖時期。

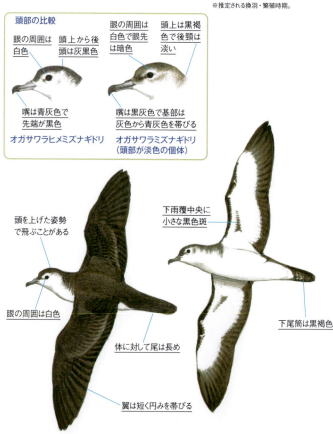

頭部の比較

- オガサワラヒメミズナギドリ: 眼の周囲は白色／頭上から後頭は灰黒色／嘴は青灰色で先端が黒色
- オガサワラミズナギドリ（頭部が淡色の個体）: 眼の周囲は白色で眼先は暗色／頭上は黒褐色で後頭は淡い／嘴は黒灰色で基部は灰色から青灰色を帯びる

- 頭を上げた姿勢で飛ぶことがある
- 眼の周囲は白色
- 体に対して尾は長め
- 翼は短く円みを帯びる
- 下雨覆中央に小さな黒色斑
- 下尾筒は黒褐色

分布：小笠原諸島東島で2月に巣と卵が発見され、冬から春に繁殖すると考えられる。周辺海域でほぼ周年目撃される。7～9月の観察例が多い。7～8月に伊豆諸島沖でも観察されている。

飛び方：短く深い羽ばたきに滑空を交えて海面付近を低く飛ぶ。

類似種

● オガサワラミズナギドリ（p.89）
本種よりやや大型。眼の周囲は灰褐色だが、条件次第で白色に見えるので注意が必要（上図）。下雨覆に明瞭な黒色斑がある。

ミズナギドリ目ミズナギドリ科

マンクスミズナギドリ属
オガサワラミズナギドリ

Bannerman's Shearwater
Puffinus bannermani

全31cm 開65-75cm 翼212.6-224mm (U)
嘴41.3-44.8mm 尾77.5-84mm 跗29.5-31.4mm
重230-270g(川上, 未発表)

| 繁殖 | 1 | 2 | 3 | 4 | 5 | 6 | 7 | 8 | 9 | 10 | 11 | 12 |
| 換羽 | 1 | 2 | 3 | 4 | 5 | 6 | 7 | 8 | 9 | 10 | 11 | 12 |

- 下雨覆前縁と中央に明瞭な黒色斑
- 摩耗していない羽衣では大雨覆先端が淡色
- 体と翼上面は黒褐色
- 後頸は淡色
- 白色のサドルバッグ
- 下尾筒は黒褐色
- 眼の周囲から頬は灰褐色だが暗色の個体もいる
- 頬から側頸の境界は不明瞭

頭部が暗色の個体

分布：2〜10月に小笠原諸島周辺で見られ、南硫黄島と東島で繁殖する。主に繁殖地周辺の海上で見られる。

飛び方：オナガミズナギドリより速く力強い羽ばたきと滑空を交えて海面付近を低く飛ぶことが多い。

類似種
- ●ハワイセグロミズナギドリ（p.90）
  本種よりやや大型で翼と尾が長く、上面は褐色を帯びない。頬から側頸の境界は明瞭。
- ●マンクスミズナギドリ（p.91）
  上面は後頸を含め一様に黒褐色。下尾筒と下雨覆は白色。

89

マンクスミズナギドリ属

ハワイセグロミズナギドリ

Newell's Shearwater
Puffinus newelli

全35-38cm 開77-85cm 翼223-249mm (F)
跗45mm 尾77-89mm 露30-35mm 重340-411g

| 繁殖 | 1 | 2 | 3 | 4 | 5 | 6 | 7 | 8 | 9 | 10 | 11 | 12 |
| 換羽 | 1 | 2 | 3 | 4 | 5 | 6 | 7 | 8 | 9 | 10 | 11 | 12 |

- 下雨覆前縁と中央に黒色斑
- 下尾筒は黒色
- 上面は黒色
- 白いサドルバッグ（角度により目立たないこともある）
- ハワイセグロミズナギドリのほうが大型で暗色。サドルバッグは両種に見られる
- 頬に白色部が食い込む
- 側頬の境界は明瞭
- 翼と尾は細長い

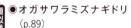

オガサワラミズナギドリ（左）との比較

分布：日本近海では稀で、2006年と2017年に小笠原諸島父島で保護された。夏から晩秋に小笠原諸島近海で観察情報がある。分布域はよくわかっていない。

飛び方：速い羽ばたきに滑空を交えて、速く低く飛ぶ。

類似種
- ● オガサワラミズナギドリ（p.89）
本種より小型で、翼と尾は短く上面はやや淡い黒褐色。頬から側頬の境界は不明瞭。
- ● マンクスミズナギドリ（p.91）
本種より尾が短い。下尾筒は白色。側頬の境界は不明瞭。

マンクスミズナギドリ属
マンクスミズナギドリ

Manx Shearwater
Puffinus puffinus

全 30-38cm 開 78-79cm 翼 219-241mm (C)
嘴 41-48mm 尾 67-85mm 跗 31-38mm 重 350-575g

繁殖 1 2 3 **4 5 6 7 8 9 10** 11 12
換羽 **1 2 3** 4 5 6 7 8 **9 10 11 12**

ミズナギドリ目ミズナギドリ科

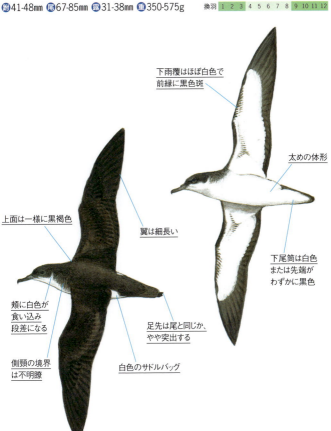

- 下雨覆はほぼ白色で前縁に黒色斑
- 太めの体形
- 翼は細長い
- 下尾筒は白色または先端がわずかに黒色
- 上面は一様に黒褐色
- 頬に白色が食い込み段差になる
- 足先は尾と同じか、やや突出する
- 側頸の境界は不明瞭
- 白色のサドルバッグ

分布：2004年6〜7月に三重県、2011年7月に宮城県沖で本種の記録がある。大西洋に分布する種だが、アラスカからカリフォルニアにかけての太平洋北東部で記録が増えている。

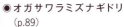

飛び方：速く力強い羽ばたきと滑空を交え、速く低く飛ぶ。

類似種
- ● オガサワラミズナギドリ (p.89)
  後頸は淡色。下尾筒は黒褐色。翼下面の黒色斑は太く明瞭。
- ● ハワイセグロミズナギドリ (p.90)
  下尾筒は黒色で下雨覆の暗色斑は濃い。体は細く尾は長い。

ミズナギドリ目ミズナギドリ科

マンクスミズナギドリ属
コミズナギドリ

Christmas Shearwater
Puffinus nativitatis

全35-38cm **開**71-81cm **翼**240-261mm (M)
跗38-45.3mm **尾**88-95mm **嘴**22-33.4mm
重280-415g

繁殖 1 2 3 **4 5 6 7 8 9 10** 11 12
換羽 **1 2 3 4 5** 6 7 **8 9 10 11 12**
※ハワイ諸島の繁殖期。

全身が黒褐色

嘴は黒色

尾は広げると円形、足は黒色

強い日差しで翼下面が銀色に見えることもある

翼の先端は円みを帯びる

分布：日本近海では稀。本州と小笠原諸島の太平洋上で記録があるが、近年の確実な記録は報告されていない。

飛び方：滑空に速い羽ばたきを交えて海面付近を低く飛ぶ。

類似種
- ● **ハシボソミズナギドリ**（p.81）
  本種より大型で翼は細く先が尖る。下雨覆は灰色。
- ● **オナガミズナギドリ暗色型**（p.86）
  本種より大型で、尾は長く広げると楔形。嘴は灰褐色からピンク色で先端が暗灰色。

アナドリ属		● ● ● ●
アナドリ		Bulwer's Petrel *Bulweria bulwerii*

全26-28cm 開68-73cm 翼190-208mm（C）
嘴24-30mm 翼102-117mm 跗19-23mm 重75-131g

繁殖 1 2 3 4 5 **6 7 8 9 10 11** 12
換羽 **1 2 3 4** 5 6 7 8 9 **10 11 12**

飛翔時に時々頭を上げる

全身が黒褐色で
大雨覆に淡褐色の帯

腰と背は
同じ黒褐色

尾は長く
広げると楔形

翼は細く
ハンドが長い

分布：5〜9月に伊豆諸島や小笠原諸島、宮崎県枇榔島、奄美群島ハンミャ島、八重山諸島仲ノ神島で繁殖し、11月まで見られる。

飛び方：しなやかな深い羽ばたきで滑翔を交え低く飛ぶ。波をぬうようにジグザグに飛び、頭を持ち上げた姿勢をとる。

類似種

● **体が黒褐色のウミツバメ類**（p.52, 56-60）
翼と尾は短い。尾は角尾または凹尾で、本種の楔形とは異なる。水面付近をひらひらとした羽ばたきで飛び、滑翔は短い。

● **アラビアアナドリ**（p.107）
大型で嘴が太い。

カツオドリ目グンカンドリ科

グンカンドリ属

オオグンカンドリ

Great Frigatebird
Fregata minor

全85-105cm 開205-230cm 翼528-648mm(U)
嘴25-31mm 尾297-444mm 跗92-123mm 重950-1950g

| 繁殖 | 1 | 2 | 3 | 4 | 5 | 6 | 7 | 8 | 9 | 10 | 11 | 12 |
| 換羽 | 1 | 2 | 3 | 4 | 5 | 6 | 7 | 8 | 9 | 10 | 11 | 12 |

※繁殖期は場所により異なり、広域的には周年繁殖する。非繁殖期に少しずつ換羽する。

- 腋羽に淡褐色の羽縁が入る
- 翼は長く先が尖る
- 喉は赤色
- 尾は長く二股に分かれる
- 成鳥♂
- 胸は白色
- 成鳥♀
- 後頸は黒褐色
- 喉は灰色 成鳥♀
- 幼羽
- 腹の白色斑は楕円に近い多角形のことが多い
- 幼羽
- 腋羽に白色の帯が突出する個体もいる

分布：迷鳥として夏から秋に渡来し、全国の沿岸海上で記録がある。幼鳥の記録が多い。

飛び方：ほとんど翼を動かさずに海上や崖地の上昇気流に乗って長時間帆翔する。羽ばたきは少なく散発的。着水して泳ぐことはない。

類似種 ● コグンカンドリ (p.95)
本種より小型で、嘴は短く、頭と眼が相対的に大きく見える。成鳥♂は腋羽に白色斑が入る。成鳥♀は喉が黒色で、後頸は白色。幼羽は腹の白色斑が三角形に見えることが多く、腋羽上部に白色の帯が突出する。

コグンカンドリ

グンカンドリ属

Lesser Frigatebird
Fregata ariel

全 70-80cm 開 175-195cm 翼 491-581mm (U)
嘴 17.3-25.5mm 尾 244-364mm 跗 79-93mm
重 499-1246g

繁殖	1	2	3	4	5	6	7	8	9	10	11	12
換羽	1	2	3	4	5	6	7	8	9	10	11	12

※繁殖期は場所により異なり、広域的には周年繁殖する。非繁殖期に少しずつ換羽する。

カツオドリ目グンカンドリ科

腋羽に白色の斑が入る
翼は長く先が尖る
尾は長く二股に分かれる
成鳥♂
上雨覆に褐色の帯が入る
幼羽

頭は黒色で胸は白色
後頸は白色
成鳥♀
頭から喉が黒色でマスクをかぶったような顔
成鳥♀

腹の白色斑は三角形に見えることが多い
幼羽
腋羽上部に白色の帯が突出する
幼羽

分布：迷鳥として夏から秋に渡来し、全国の沿岸海上で記録がある。幼鳥の記録が多い。

飛び方：ほとんど翼を動かさずに海上や崖地の上昇気流に乗って長時間帆翔する。羽ばたきは少なく散発的。通常、着水して泳ぐことはない。

類似種 ● **オオグンカンドリ** (p.94)
本種よりやや大型で太めの体形。嘴は長く、頭と眼が相対的に小さく見える。成鳥♂の体に白色斑はない。成鳥♀は喉が灰色で後頸は黒褐色。幼羽の腹の白色斑は楕円に近い多角形で、腋羽への突出はあっても小さい。

95

カツオドリ属

アオツラカツオドリ

Masked Booby
Sula dactylatra

全75-85cm 開160-170cm 翼394-480mm (C)
嘴51-66mm 尾148-206mm 跗95-111mm
重1503-2211g

| 繁殖 | 1 | 2 | 3 | 4 | 5 | 6 | 7 | 8 | 9 | 10 | 11 | 12 |
| 換羽 | 1 | 2 | 3 | 4 | 5 | 6 | 7 | 8 | 9 | 10 | 11 | 12 |

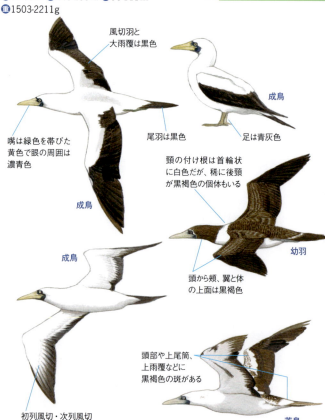

風切羽と大雨覆は黒色
成鳥
尾羽は黒色
足は青灰色
嘴は緑色を帯びた黄色で眼の周囲は濃青色
成鳥
頸の付け根は首輪状に白色だが、稀に後頸が黒褐色の個体もいる
幼羽
頭から頬、翼と体の上面は黒褐色
成鳥
頭部や上尾筒、上雨覆などに黒褐色の斑がある
若鳥
初列風切・次列風切の基部は白色

分布：小笠原諸島西之島と尖閣諸島で繁殖する。周辺海域に見られるが、尖閣諸島の状況は不明。本州から南西諸島に稀に飛来する。

飛び方：滑らかな滑翔に浅く力強い羽ばたきを交えて飛ぶほか、気流に乗って長く帆翔することもある。

類似種
● **ナスカカツオドリ** (p.97)
成鳥は嘴がオレンジからピンク色で、中央尾羽は白色が普通。典型的な幼羽は後頸が黒褐色。

● **アカアシカツオドリ黒尾白色型** (p.98)
成鳥の嘴は青白色で基部はピンク色。足は赤色。

カツオドリ属	● ● ● ○

ナスカカツオドリ

Nazca Booby
Sula granti

全73-81cm 開150-170cm 翼413-495mm (U)
嘴52-61mm 尾172-212mm 跗88-115mm
重1220-2350g

繁殖	1	2	3	4	5	6	7	8	9	10	11	12
換羽	1	2	3	4	5	6	7	8	9	10	11	12

カツオドリ目カツオドリ科

嘴は鮮やかなオレンジ色で、基部側がピンク色を帯びる

中央尾羽は白色だが黒色を帯びる個体もいる

成鳥

成鳥

嘴の色は巣立後数か月を過ぎるころからオレンジ色に変化し始める

若鳥

頸の付け根は黒褐色だが、稀に後頸が白色でつながる個体もいる

幼羽

成鳥

分布：太平洋東部に分布する。2019年3月に北大東島の北東約200kmで初記録。その後伊豆諸島や小笠原諸島近海などで観察されている。

飛び方：滑らかな滑翔に浅く力強い羽ばたきを交えて飛ぶほか、気流に乗って長く帆翔することもある。

類似種
● **アオツラカツオドリ**（p.96）
成鳥は嘴が緑色を帯びた黄色で、オレンジ色はない。中央尾羽は黒色だが、白色を帯びる個体が稀にいる。典型的な幼羽は、頸の付け根が首輪状に白いが、中間的な個体もいるため確実な識別は難しい。

97

カツオドリ目カツオドリ科

カツオドリ属
アカアシカツオドリ
Red-footed Booby
Sula sula

全70-80cm **開**140-145cm **翼**359-422mm（C）
嘴32-45mm **尾**188-234mm **跗**75-94mm **重**766-1210g

| 繁殖 | 1 | 2 | 3 | 4 | 5 | 6 | 7 | 8 | 9 | 10 | 11 | 12 |
| 換羽 | 1 | 2 | 3 | 4 | 5 | 6 | 7 | 8 | 9 | 10 | 11 | 12 |

※小笠原諸島では4〜6月に卵と雛が確認されている。

成鳥白色型 — 下雨覆に黒色斑（不鮮明な個体もいる）

成鳥白色型 — 嘴は青白色で基部がピンク色

成鳥白色型 — 尾は白色／足は赤色／体は白色から黄色を帯びた白色まで個体差がある／風切羽と大雨覆は黒色

若鳥（白色型・黒尾白色型） — 成長に伴い上雨覆に白色の羽毛が混じるようになる／幼羽より淡い褐色／嘴はピンク色で先端が黒褐色

成鳥黒尾白色型 — 白色型に似て尾は黒褐色

成鳥白尾褐色型 — 腰から尾は白色

成鳥褐色型 — 全身褐色

※日本では白色型が多く、ほかに黒尾白色型、褐色型、白尾褐色型の記録がある。どの型も成鳥の嘴は青白色で基部はピンク色、足は赤色

幼羽 — 嘴は黒色／腹から下腹は汚白色／足は灰色からピンク色

分布：小笠原諸島北硫黄島と南硫黄島で繁殖するほか、八重山諸島仲ノ神島で繁殖記録がある。北海道から九州、小笠原諸島、南西諸島に稀に飛来する。

飛び方：滑らかな滑翔にほかのカツオドリ類より軽くしなやかな羽ばたきを交えて飛ぶ。

類似種
● **アオツラカツオドリ**（p.96）
本種の黒尾白色型に似るが、嘴は緑色を帯びた黄色で眼の周囲は濃青色。足は青灰色。幼羽は頭から頸、翼と体の上面が黒褐色。

カツオドリ属

カツオドリ

Brown Booby
Sula leucogaster

全65-75cm 開130-150cm 翼358-430mm（C）
跗50-63mm 尾173-200mm 嘴83-110mm
重850-1480g

| 繁殖 | 1 | 2 | 3 | 4 | 5 | 6 | 7 | 8 | 9 | 10 | 11 | 12 |
| 換羽 | 1 | 2 | 3 | 4 | 5 | 6 | 7 | 8 | 9 | 10 | 11 | 12 |

亜種カツオドリ *S. l. plotus*
頭から頸、翼上面、尾は黒褐色
成鳥♂
成鳥♂
嘴は黄白色で♂の眼周辺は青色
幼羽
体下面は灰褐色
♀の眼周辺は黄褐色
成鳥♀
嘴は細く、♀はピンク色を帯びる
体下面は白色
成鳥♀
成鳥♂
♂の頭から頸は灰色で、範囲には個体差がある
亜種シロガシラカツオドリ *S. l. brewsteri*
翼角から体に向かう帯は長く太い

太平洋東部のカリフォルニア湾からレビジャヘド諸島で繁殖。国内では八重山諸島仲ノ神島と小笠原諸島などで数例の記録がある。仲ノ神島では、亜種カツオドリとつがいになり繁殖した記録がある。

分布：亜種カツオドリが伊豆諸島、小笠原諸島、草垣諸島、トカラ列島、沖縄諸島などで繁殖し、周年生息する。九州では冬に見られる。

飛び方：滑らかな滑翔に浅く力強い羽ばたきを交えて飛ぶほか、気流に乗って長く帆翔することもある。

類似種
- アオツラカツオドリ幼羽（p.96）
頸の付け根が首輪状に白色。
- アカアシカツオドリ幼羽・若鳥（p.98）
本種より翼上面は淡く灰褐色。嘴は黒からピンク色。

カツオドリ目ウ科

ヒメウ属

チシマウガラス

Red-faced Cormorant
Urile urile

全79-89cm 開110-122cm 翼249-302mm(C)
嘴51-62mm 尾132-173mm 跗51-64mm 重1550-2551g

| 繁殖 | 1 | 2 | 3 | 4 | 5 | 6 | 7 | 8 | 9 | 10 | 11 | 12 |
| 換羽 | 1 | 2 | 3 | 4 | 5 | 6 | 7 | 8 | 9 | 10 | 11 | 12 |

頸は太い
成鳥非生殖羽
成鳥非生殖羽
頭頂と後頭の2か所に冠羽
眼の周囲から額まで広い範囲が赤色に裸出(赤色の色合いに個体差がある)
眼の周囲に淡紅色から青灰色の細い裸出部
嘴は黄灰色で基部は青灰色
嘴基部は青灰色
上面は緑から紫色の弱い光沢
頸に白色の細い飾り羽
全身が黒褐色
腰の両脇に大きな白色斑
幼羽
成鳥生殖羽
成鳥非生殖羽

分布：北海道東部で不定期に少数が繁殖するほか、北海道から北日本の沿岸部に非繁殖期に渡来する。岩礁海岸に生息。

飛び方：カワウより速いピッチで羽ばたき飛翔を行う。飛び方はヒメウに似る。

類似種

● **ヒメウ**(p.101)
本種よりやや小型で頸が細い。嘴は黒褐色で非常に細い。成鳥の虹彩は緑色。成鳥生殖羽では眼周辺の赤色の範囲が狭く、嘴基部に青色の部分はない。

| ヒメウ属 |

ヒメウ

Pelagic Cormorant
Urile pelagicus

カツオドリ目ウ科

全63-76cm 開91-102cm 翼230-295cm（U）
跗42.8-60mm 尾150-180mm 嘴41-58.7mm
重1474-2440g

| 繁殖 | 1 | 2 | 3 | 4 | 5 | 6 | 7 | 8 | 9 | 10 | 11 | 12 |
| 換羽 | 1 | 2 | 3 | 4 | 5 | 6 | 7 | 8 | 9 | 10 | 11 | 12 |

成鳥非生殖羽

頸は細い

成鳥非生殖羽

頭部の比較（成鳥非生殖羽）
嘴は太く黄灰色で、嘴峰と先端は黒色。
基部のみ青灰色
虹彩は黒褐色
チシマウガラス
嘴は細く黒褐色
虹彩は緑色
ヒメウ

頭頂と後頭の2か所に小さな冠羽
眼の周囲から嘴基部の狭い範囲が赤色に裸出
頸に白色の細い飾り羽
体に緑色光沢
眼の周囲は黒褐色
嘴が淡色の個体が稀に見られる
全身が黒褐色
腰の両脇に大きな白色斑
成鳥生殖羽
成鳥非生殖羽
幼羽

分布：国内では北海道天売島で繁殖する。北海道から九州の沿岸部に非繁殖期に渡来し、岩礁海岸に生息する。

飛び方：カワウより速いピッチで羽ばたき飛翔を行う。時折、スピードをゆるめ上昇する動きを交える。

類似種
● **チシマウガラス**（p.100）
本種よりやや大型で頸が太い。嘴は太く淡い黄灰色で、基部は青灰色。虹彩は黒褐色。成鳥生殖羽では眼周辺の赤色の範囲が広く、嘴基部が青灰色。

カツオドリ目ウ科

ウ属

ウミウ

Japanese Cormorant
Phalacrocorax capillatus

●●●●

🐦92cm 🔓152cm 🪶305-337mm (U) 嘴62-73mm
尾128-146mm 跗59.2-72.5mm 重2356-3325g

| 繁殖 | 1 | 2 | 3 | 4 | 5 | 6 | 7 | 8 | 9 | 10 | 11 | 12 |
| 換羽 | 1 | 2 | 3 | 4 | 5 | 6 | 7 | 8 | 9 | 10 | 11 | 12 |

※正確な初列風切の換羽時期は不明。

口角の黄色い裸出部は鋭角に尖る
頬の境界線は眼の後方から上に向かう
翼上面と背は黒緑色の光沢
頸は太く長い
成鳥非生殖羽
額から頸に白色の飾り羽
春先に頬の白色部は小さくなる
腰の両脇に白色斑
成鳥非生殖羽
成鳥生殖羽
第一回生殖羽
頬から頸、腹までかなり淡色になる
全体に褐色で、腹は白色に黒褐色斑が入る
頸は太く長い
幼羽
成鳥非生殖羽

分布：北海道から本州北部の沿岸と伊豆諸島で繁殖するほか、本州中部以南に非繁殖期に渡来。岩礁海岸に生息し、時折、内陸にも飛来する。

飛び方：やや深めの羽ばたき飛翔で、高空では滑翔を交える。カワウより重そうに飛ぶ。群れで編隊を組んで飛ぶ。

類似種

● カワウ (p.103)
口角の黄色い裸出部は鈍角。頬の境界線は眼からまっすぐ後方に伸びる。成鳥の翼上面と背は茶褐色の光沢を帯びる (p.104-105参照)。

102

ウ属	

カワウ

Great Cormorant
Phalacrocorax carbo

カツオドリ目ウ科

- 全 78-84cm
- 開 124-133.5cm
- 翼 311-340mm（U）
- 嘴 52-62.5mm
- 尾 143-164mm
- 跗 56-69mm
- 重 1400-2400g

繁殖	1	2	3	4	5	6	7	8	9	10	11	12
換羽	1	2	3	4	5	6	7	8	9	10	11	12

※繁殖期は地域によって異なり、国内で周年繁殖。初列風切の換羽も国内では周年。

成鳥生殖羽
- 頬の境界線は眼からまっすぐ後方に伸びる
- 口角の黄色い裸出部は鈍角
- 翼上面と背は茶褐色の光沢
- 額から頸に白色の飾り羽
- 腰の両脇に白色斑

成鳥非生殖羽
- 頸は細く短い

成鳥非生殖羽
- 光沢のない茶褐色

成鳥非生殖羽

幼羽
- 全体に褐色で、腹は白色に黒褐色斑が入る

第一回非生殖羽
幼羽に似るが、下面が白色の個体が少数見られる

成鳥非生殖羽
- 頸は細く短い

分布：北海道、本州、四国、九州北部で繁殖する。北海道は繁殖期、九州南部以南は非繁殖期に見られ、ほかでは留鳥。沿岸から内陸の河川、湖沼に生息する。

飛び方：やや深めの羽ばたき飛翔で、高空では滑翔を交える。群れで編隊を組んで飛ぶ。

類似種
- **ウミウ**（p.102）
  口角の黄色い裸出部は鋭角で、頬の境界線は眼の後方から上に向かう。成鳥の翼上面と背は黒緑色の光沢を帯びる（p.104-105参照）。

▶ Column 06

カワウとウミウの識別

● 頭部
1. 口角：カワウは鈍角、ウミウは鋭角になるが、角度だけでは判断に迷う個体もいる。下嘴基部の裸出部に注目すると、カワウは大きく眼の後方に達するが、ウミウは眼の後縁をわずかに越える程度。
2. 頬の白色部の境界線：カワウは上嘴の延長上か少し下がるのに対し、ウミウは上に広がる。ただし1～3月にウミウの頬は黒色部が広がり白色部が小さくなるため、この時期の成鳥には該当しない。幼羽も同様だが、頬が褐色を帯び成鳥ほど境界線が明瞭ではないため、やや確認しづらい。
3. 嘴の色：幼羽の場合、カワウは灰色から灰褐色で口角付近の裸出部のみ黄色だが、ウミウは嘴全体が黄色。
4. このほか、嘴はウミウのほうが太い。生殖羽では両種とも額から後頭に白色の飾り羽を生じるが、ウミウでは細長くふさふさした質感である。

カワウ成鳥生殖羽（12月、千葉県）

ウミウ成鳥生殖羽（3月、千葉県）

ウミウ成鳥生殖羽（3月、千葉県）
※一時的に頬の白色部が小さくなるため、2は当てはまらない。

カワウ幼羽（7月、千葉県）

ウミウ幼羽（12月、千葉県）

● 飛翔時
1. 頭部から頸：カワウは頸が短く頭部が小さく見えるのに対し、ウミウでは頸が長く頭部が大きく見える。
2. 体：ウミウのほうが太く大きい。
3. 頬の白色部：近距離の場合、頬の白色部の違い（頭部の比較参照）が有効。
4. 飛び方：カワウのほうが身軽で短時間で高度を上げるのに対し、ウミウは重そうに羽ばたき、ゆるやかに上昇する。

カワウ（9月、千葉県）

ウミウ（2月、神奈川県）

● 静止時

1. カワウに比べウミウは一回り大きい。防波堤など止まり場の高さがそろっていると背丈の違いがわかりやすい。
2. ウミウは頸が長く、後頭から頸にかけて太く感じられる。
3. 成鳥では翼上面と背の羽色が異なり、カワウでは茶褐色、ウミウは黒緑色の光沢を帯びる。
4. 関東において、生殖羽になるのはカワウが晩秋から冬期なのに対し、ウミウは1〜2月以降であるため、時期的な違いも参考になる。
5. 幼羽の羽色は似るが、肩羽や雨覆を換羽すると新羽は成鳥と同じ色になるため、第一回非生殖羽からは羽色の違い（3）も有効。

カワウ成鳥非生殖羽（左）と
ウミウ成鳥生殖羽（右）
（3月、千葉県）

カワウ成鳥非生殖羽（左）と
ウミウ第一回生殖羽（右）
（6月、千葉県）

● 生息環境では判断できない

カワウとウミウは日中しばしば同所的に生息するため、生息環境は判断材料にならない。ねぐらは、カワウが樹林や送電鉄塔などの人工物、ウミウが崖地や堤防などを使うが、カワウのねぐらにウミウ、ウミウのねぐらにカワウが少数混じることは少なくない。

河川でカワウとともに休むウミウ（矢印）
大きさの違い、頸の太さに注意
（1月、千葉県）

カワウとともにマツ林のねぐらに入るウミウ（矢印）
（10月、千葉県）

and more!

今後、飛来する可能性のある海鳥

マダラフルマカモメ
Cape Petrel
Daption capense

全 35-42cm 開 80-90cm

黒色と白色の特徴的な模様

分布：南極および亜南極の島嶼で繁殖し、周辺海域に分布する。国内では、千葉県銚子市沖や小笠原諸島近海で本種とされる目撃例がある。

翼下面前縁と後縁は黒色に縁取られる

※羽色が特徴的で、国内に類似種はない。

ウスヒメシロハラミズナギドリ
Pycroft's Petrel
Pterodroma pycrofti

全 28.5-31cm 開 69-74cm

ハジロシロハラミズナギドリ(p.76)に似るが、眉斑はないか白色部がわずかに切れ込む程度

眼周辺の黒色部と頭の灰色の境界は不明瞭

ハジロシロハラミズナギドリより嘴と頸は短い

分布：ニュージーランド北部の島で11〜4月に繁殖し、非繁殖期は太平洋中央部に分布すると考えられる。

ネッタイセグロミズナギドリ

Tropical Shearwater
Puffinus bailloni

全 28-30cm 開 65-72cm

オガサワラミズナギドリ(p.89)に酷似するが、後頸は背と同じ黒褐色

眼の周囲は黒褐色。ただし頭部の羽色はオガサワラミズナギドリ、ネッタイセグロミズナギドリともに個体差がある

翼下面の羽色はオガサワラミズナギドリに似る

分布：5亜種に分けられ、バヌアツで繁殖する亜種*gunax*と、ミクロネシア〜ポリネシアで繁殖する亜種*dichrous*が太平洋に分布する。図は亜種*dichrous*を示す。

※和名はOtani(2019)による

アラビアアナドリ

Jouanin's Petrel
Bulweria fallax

全 30-32cm 開 76-83cm

太く大きな嘴

上雨覆はアナドリより暗い灰褐色

アナドリ(p.93)に似るが大型で体が太く、翼は幅広い

分布：インド洋北西部のソコトラ島で繁殖し、オマーンの山地およびクリアムリア諸島でも繁殖の可能性がある。インド洋北部に分布し、ハワイ諸島やカリフォルニアでも記録がある。

今後、飛来する可能性のある海鳥

107

今後、飛来する可能性のある海鳥

アカハシネッタイチョウ

Red-billed Tropicbird
Phaethon aethereus

全43-50cm（中央尾羽を除く）開99-106cm

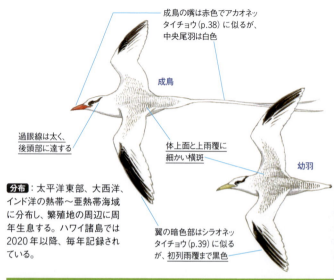

成鳥の嘴は赤色でアカオネッタイチョウ（p.38）に似るが、中央尾羽は白色

成鳥

過眼線は太く、後頭部に達する

体上面と上雨覆に細かい横斑

幼羽

翼の暗色部はシラオネッタイチョウ（p.39）に似るが、初列雨覆まで黒色

分布：太平洋東部、大西洋、インド洋の熱帯〜亜熱帯海域に分布し、繁殖地の周辺に周年生息する。ハワイ諸島では2020年以降、毎年記録されている。

ミミヒメウ

Double-crested Cormorant
Nannopterum auritum

全83cm 開132cm

嘴全体がオレンジ色

眼の周囲と口角付近の裸出部は鮮やかなオレンジ色

ウミウ（p.102）とカワウ（p.103）に似るが頬に白色斑はない

翼上面と背はカワウに似た茶褐色の光沢

喉から腹にかけて淡褐色

幼羽

成鳥非生殖羽

分布：北米に広く分布し、西海岸ではアリューシャン列島からアラスカ、カリフォルニア半島にかけて繁殖する。沿岸部や河口、内陸の河川や湖沼に生息する。

アメリカマダラウミスズメ
Marbled Murrelet
Brachyramphus marmoratus

全 24-25cm 開 41cm

マダラウミスズメ(p.27)に酷似するが、嘴はやや短い

マダラウミスズメより喉は暗色になる傾向

成鳥生殖羽

アイリングはほとんど目立たない

眼の前後に白色部がある

肩羽に白色の帯

成鳥非生殖羽

分布：アリューシャン列島からアラスカ、カリフォルニアにかけての北米西海岸で繁殖し、冬も周辺海域に分布する。

コバシウミスズメ
Kittlitz's Murrelet
Brachyramphus brevirostris

全 23-27cm 開 43cm

上面は灰褐色と黒褐色のまだら模様

マダラウミスズメ(p.27)に似るが嘴は小さく短い

成鳥生殖羽

肩羽に白色の帯

顔は白色で眼先と頭上が黒色

成鳥非生殖羽

成鳥非生殖羽

※カンムリウミスズメ(p.29)非生殖羽に似るが、嘴が小さく肩羽に白色の帯があり、下雨覆は黒褐色。

分布：アラスカ南・西部とアリューシャン列島、ロシアのチュコト半島などで繁殖し、冬も繁殖地付近の海上に生息する。1986年以降、北海道と本州で3例の観察記録が報告されているが、画像や標本は得られていない。

今後、飛来する可能性のある海鳥

▶ Column 07

海鳥の識別について

船上からの海鳥観察では、すべての鳥を丹念に観察することが難しい。多くの場合、大まかな形やシルエット、大きさ、羽色、動作、環境、季節などの印象（ジズ Jizz）をもとに判断し、識別の難しい種については時間をかけて識別点を検討することになる。識別には以下の点に注意し、観察情報や写真などから総合的に判断すると良いだろう。

● 形態の違いに注目

本書冒頭でシルエットによる科までの検索図を示したが、各部位の形態から直感的に属まで絞ることも可能である。例えば、シロハラミズナギドリ属は写真のように太短い嘴、丸い大きな顔、短く円い尾など、ほかのミズナギドリ類とは形態に違いがある。細部だけでなく全体の印象を捉えよう。

シロハラミズナギドリ属のハジロミズナギドリ（右）とオオミズナギドリ（左）

● 色を読む

野外では背景と光の当たり具合によって鳥の見え方は変化し、常に正しく羽色を判断できるとは限らない。同じ鳥でも暗い海面を背景に日差しが当たったときは極めて淡色になり、微細な模様は認識しづらくなる。一方、日差しがないときや逆光では暗色に見え、翼下面や体下面の羽色を読み取るのは難しい。正確な判断ができない場合は無理に羽色を決めずに、形や大きさなどほかの特徴を重視すると良い。

海上を飛ぶウトウ。暗い海面を背景に順光（上）では白色の腹が際立つ。曇天で空背景（下）はシルエットに近い。ただし、体や翼の形は下の写真がわかりやすい

● 換羽状況

観察個体が "典型的でない" と感じたときは、換羽状況に注意しよう。一般に羽毛が古くなり摩耗すると、黒色の羽毛は褐色や灰色を帯びた淡い色に変化する。換羽が始まり風切羽が脱落すると翼の長さや形が変わって見えるほか、換羽により通常と異なる模様が現れることもある。一方、換羽期の違いは類似種の識別に有効な場合があるので、本書で記した初列風切の換羽時期を参考にしてほしい。

● 普通種をマスターする

数が多く普通に見られる鳥（春から秋のオオミズナギドリ、冬から春のウミスズメなど）は、大きさや形態、飛び方などの基準となる "ものさし鳥" である。普通種こそくり返し観察して特徴を覚えると良い。

種名索引

※下線は各種の解説ページ

- アオツラカツオドリ …… <u>96</u>, 97, 98, 99
- アカアシカツオドリ …… 96, <u>98</u>, 99
- アカアシミズナギドリ …… <u>79</u>, 81, 82, 83, 86
- アカエリカイツブリ …… <u>8</u>, 9
- アカエリヒレアシシギ …… <u>12</u>, 13
- アカオネッタイチョウ …… <u>38</u>, 39, 108
- アカハシネッタイチョウ …… 39, <u>108</u>
- アシナガウミツバメ 5, <u>52</u>, 53, 54, 59, 61, 62
- アナドリ …… 60, <u>93</u>, 107
- アビ …… <u>43</u>, 45
- アホウドリ …… 47, 48, <u>49</u>, 50, 51
- アメリカウミスズメ …… <u>34</u>
- アメリカマダラウミスズメ …… 27, <u>109</u>
- アラビアアナドリ …… 93, <u>107</u>
- ウスハジロミズナギドリ …… 66, <u>67</u>
- ウスヒメシロハラミズナギドリ …… 76, <u>106</u>
- ウトウ …… <u>35</u>, 36, 37, 110
- ウミウ …… <u>102</u>, 103, 104, 105, 108
- ウミオウム …… <u>30</u>, 31, 33, 35
- ウミガラス …… 7, 21, 22, <u>23</u>
- ウミスズメ …… 7, <u>28</u>, 29, 30, 31, 110
- ウミバト …… 24, <u>25</u>, 26
- エトピリカ …… 35, 36, <u>37</u>
- エトロフウミスズメ …… 30, 32, <u>33</u>, 34
- オオグンカンドリ …… <u>94</u>, 95
- オオシロハラミズナギドリ …… 70, <u>72</u>
- オーストンウミツバメ …… <u>60</u>, 61, 62
- オオトウゾクカモメ …… 7, <u>14</u>
- オオハシウミガラス …… <u>21</u>, 22
- オオハム …… 4, <u>40</u>, 41, 42, 43, 44
- オオミズナギドリ …… 4, 84, 85, 86, <u>87</u>, 110
- オガサワラヒメミズナギドリ …… <u>88</u>
- オガサワラミズナギドリ …… 5, 88, <u>89</u>, 90, 91, 107
- オナガミズナギドリ …… 84, 85, <u>86</u>, 87, 92
- カツオドリ …… <u>99</u>
- ガラパゴスシロハラミズナギドリ …… <u>73</u>
- カワウ …… 4, 102, <u>103</u>, 104, 105, 108
- カワリシロハラミズナギドリ …… 15, 66, <u>68</u>, 69
- カンムリウミスズメ …… 28, <u>29</u>, 109
- カンムリカイツブリ …… <u>8</u>, 9
- クビワオオシロハラミズナギドリ …… <u>70</u>, 71, 72
- クロアシアホウドリ …… <u>48</u>, 49, 50, 51
- クロウミツバメ …… 56, <u>57</u>, 60, 61, 62, 63
- クロコシジロウミツバメ …… 52, 58, <u>59</u>, 61, 62, 63
- クロトウゾクカモメ …… 7, 15, <u>16</u>, 17, 18
- クロハラウミツバメ …… <u>53</u>
- ケイマフリ …… 25, <u>26</u>
- コアホウドリ …… 46, <u>47</u>, 50
- コウミスズメ …… 20, <u>31</u>

- コグンカンドリ …… 94, <u>95</u>
- コシジロウミツバメ …… 52, <u>58</u>, 59, 61, 62, 63
- コバシウミスズメ …… 27, <u>109</u>
- コミズナギドリ …… <u>92</u>
- シラオネッタイチョウ …… 38, <u>39</u>, 108
- シラヒゲウミスズメ …… <u>32</u>, 33
- シロエリオオハム …… 40, <u>41</u>, 42, 43
- シロハラアカアシミズナギドリ …… <u>84</u>
- シロハラトウゾクカモメ …… 7, 16, <u>17</u>, 18, 19
- シロハラミズナギドリ …… <u>75</u>, 77
- セグロシロハラミズナギドリ …… <u>65</u>
- センカクアホウドリ …… <u>49</u>, 50
- ソロモンミズナギドリ …… <u>65</u>
- チシマウガラス …… <u>100</u>, 101
- ツノメドリ …… <u>36</u>, 37
- トウゾクカモメ …… 7, 14, <u>15</u>, 16, 17, 18, 19
- ナスカカツオドリ …… 96, <u>97</u>
- ネッタイセグロミズナギドリ …… <u>107</u>
- ハイイロウミツバメ …… 54, <u>55</u>
- ハイイロヒレアシシギ …… 12, <u>13</u>, 55
- ハイイロミズナギドリ …… 64, 79, <u>80</u>, 81, 82, 83
- ハグロシロハラミズナギドリ …… 73, <u>74</u>, 75, 76
- ハシグロアビ …… <u>44</u>, 45
- ハシジロアビ …… 44, <u>45</u>
- ハシブトウミガラス …… 21, <u>22</u>, 23
- ハシボソミズナギドリ …… 4, 64, 79, 80, <u>81</u>, 82, 83, 92
- ハジロウミバト …… <u>24</u>, 25
- ハジロカイツブリ …… 10, <u>11</u>
- ハジロシロハラミズナギドリ …… <u>76</u>, 77, 106
- ハジロミズナギドリ …… 64, <u>66</u>, 67, 68, 69, 110
- バヌアツシロハラミズナギドリ …… 70, <u>71</u>
- ハワイシロハラミズナギドリ …… <u>73</u>, 74
- ハワイセグロミズナギドリ …… 89, <u>90</u>, 91
- ヒメアシナガウミツバメ …… 53, <u>54</u>
- ヒメウ …… 100, <u>101</u>
- ヒメウミスズメ …… <u>20</u>
- ヒメクロウミツバメ …… <u>56</u>, 57, 60, 61, 62, 63
- ヒメシロハラミズナギドリ …… <u>77</u>
- フルマカモメ …… 4, 5, <u>64</u>
- ヘラルドシロハラミズナギドリ …… <u>69</u>
- マダラウミスズメ …… <u>27</u>, 109
- マダラシロハラミズナギドリ …… <u>78</u>
- マダラフルマカモメ …… <u>106</u>
- マユグロアホウドリ …… <u>46</u>
- マンクスミズナギドリ …… 89, 90, <u>91</u>
- ミナミオナガミズナギドリ …… 5, <u>85</u>
- ミミカイツブリ …… <u>10</u>, 11
- ミミヒメウ …… <u>108</u>
- ワタリアホウドリ …… 49, <u>51</u>

参考文献

- 千嶋淳, 2013. 北海道の海鳥1 ウミスズメ類①. NPO法人日本野鳥の会十勝支部, 帯広.
- 千嶋淳, 2014. 北海道の海鳥2 ウミスズメ類②, アホウドリ類. NPO法人日本野鳥の会十勝支部, 帯広.
- 千嶋淳, 2015. 北海道の海鳥3 ミズナギドリ類. NPO法人日本野鳥の会十勝支部, 帯広.
- 千嶋淳, 2016. 北海道の海鳥4 アビ類. 道東鳥類研究所, 池田町.
- 千嶋淳, 2018. 北海道の海鳥5 トウゾクカモメ類・アジサシ類. 道東鳥類研究所, 池田町.
- eBird. 2020. eBird: An online database of bird distribution and abundance. Web application. eBird, Cornell Lab of Ornithology, Ithaca, New York. Available: http://www.eBird.org. accessed 2024-7-21.
- Fjeldså J., 2004. The Grebes. Oxford University Press, Oxford.
- Flood B. & Fisher A., 2011. Multimedia Identification Guide to North Atlantic Seabirds: Storm-petrels & Bulwer's Petrel. Pelagic Birds and Birding Multimedia Identification Guides, Cornwall.
- Flood B. & Fisher A., 2016. Multimedia Identification Guide to North Atlantic Seabirds: Albatrosses and Fulmarine Petrels. Pelagic Birds & Birding Multimedia ID Guides, Essex.
- Gaston A.J. & Jones I.L., 1998. The Auks. Oxford University Press, New York.
- Gill F., Donsker D. & Rasmussen P.(Eds), 2024. IOC World Bird List (v 14.1). Doi 10.14344/IOC.ML.14.1. http://www.worldbirdnames.org/. accessed 2024-7-21.
- Howell S.N.G., 2012. Petrels, Albatrosses & Storm-Petrels of North America. Princeton University Press, Princeton.
- Howell S.N.G., 2014. Rare Birds of North America. Princeton University Press, Princeton.
- Howell S.N.G. & Zufelt K., 2019. Oceanic Birds of the World : A Photo Guide. Princeton University Press, Princeton.
- 真木広造・大西敏一・五百澤日丸, 2014. 決定版日本の野鳥650. 平凡社, 東京.
- Marchant S. & Higgins P.J.(eds), 1990. Handbook of Australian, New Zealand and Antarctic Birds. Vol. 1. Oxford University Press, Melbourne.
- Menkhorst P., Rogers D., Clarke R., Davies J., Marsack P. & Franklin K., 2017. The Australian Bird Guide. CSIRO Publishing, Victoria.
- Nelson J.B., 2005. Pelicans, Cormorants and their Relatives. Oxford University Press, New York.
- 日本鳥学会(編), 2024. 日本鳥類目録 改訂第8版. 日本鳥類学会, 東京.
- Olsen K.M. & Larsson H., 1997. Skuas and Jaegers: A Guide to the Skuas and Jaegers of the World. Pica Press, East Sussex.
- Olney D. & Scofield P., 2007. Albatrosses Petrels & Shearwaters of the World. Christopher Helm, London.
- Otani C., 2019. Birds of Japan. Lynx Editions, Barcelona.
- Pyle P., 2008. Identification guide to North American birds Part II. Slate Creek Press, Point Reyes Station.
- Pyle P., Webster D.L. & Baird R.W., 2011. Notes on petrels of the Dark-rumped Petrel complex (*Pterodroma phaeopygia /sandwichensis*) in Hawaiian waters. North American Birds 65(2): 364-367.
- 水産庁(編), 1995. 日本の希少な野生水生生物に関する基礎資料(II). 日本水産資源保護協会, 東京.
- 水産庁(編), 1996. 日本の希少な野生水生生物に関する基礎資料(III). 日本水産資源保護協会, 東京.
- 水産庁(編), 1997. 日本の希少な野生水生生物に関する基礎資料(IV). 日本水産資源保護協会, 東京.
- 田野井博之, 2021a. Young gunsの野鳥ラボ SeasonⅡ#71 ヒメクロウミツバメとクロウミツバメ. BIRDER35(2): 48-51.
- 田野井博之, 2021b. Young gunsの野鳥ラボ SeasonⅡ#80 クビワオオシロハラミズナギドリとバヌアツシロハラミズナギドリ. BIRDER35(11): 48-51.
- 山階芳麿, 1986. 世界鳥類和名辞典. 大学書林, 東京.
- Young guns, 2014. Young gunsの野鳥ラボ#17 夏に見られるウミスズメ類の生態と識別. BIRDER 28(8): 48-50.
- Young guns, 2015. Young gunsの野鳥ラボ#28 ウミツバメ類の生態と識別. BIRDER 29(7): 44-47.
- Young guns, 2019. Young gunsの野鳥ラボ SeasonⅡ#51 トウゾクカモメ類の年齢識別と年齢構成. BIRDER 33(6): 46-49.
- Young guns, 2019. Young gunsの野鳥ラボ SeasonⅡ#53 ウミガラスとハシブトウミガラスの形態と生態. BIRDER 33(8): 46-49.